国产数控系统应用技术丛书

北京航天数控系统电气联调与故障维修手册

主　编　王宏娜　何伟丽
副主编　张志云　李　悦
主　审　杜瑞芳　陈光进

华中科技大学出版社
中国·武汉

内 容 简 介

本书共分为两篇，全面介绍了数控系统连接调试规则、故障判断及维护维修的过程中可能碰到的问题及解决办法。

第1篇以北京航天数控系统有限公司主流产品为阐述对象，重点介绍了机床数控系统的电气连接规则、系统与伺服参数设置、PLC功能设计、电气控制电路设计实例等方面内容。

第2篇以提高操作及维修人员对机床数控系统故障的诊断和维修能力为目的，介绍了故障常见分类、故障分析原则、故障排除的方法，以及大量的实际中遇到的机床数控系统故障案例和解决方案。力求对提高读者分析判断和解决数控系统故障能力有所帮助。

图书在版编目(CIP)数据

北京航天数控系统电气联调与故障维修手册/王宏娜，何伟丽主编. —武汉：华中科技大学出版社，2017.11

(国产数控系统应用技术丛书)

ISBN 978-7-5680-3294-0

Ⅰ.①北… Ⅱ.①王… ②何… Ⅲ.①航空航天器-飞行控制系统-数字控制系统-手册 Ⅳ.①V249-62

中国版本图书馆CIP数据核字(2017)第196906号

北京航天数控系统电气联调与故障维修手册　　王宏娜　何伟丽　主编

Beijing Hangtian Shukong Xitong Dianqi Liantiao yu Guzhang Weixiu Shouce

策划编辑：俞道凯
责任编辑：戢凤平
封面设计：原色设计
责任校对：何　欢
责任监印：周治超
出版发行：华中科技大学出版社(中国·武汉)　　电话：(027)81321913
武汉市东湖新技术开发区华工科技园　　邮编：430223
录　　排：武汉三月禾文化传播有限公司
印　　刷：武汉华工鑫宏印务有限公司
开　　本：710mm×1000mm　1/16
印　　张：10.25
字　　数：217千字
版　　次：2017年11月第1版第1次印刷
定　　价：36.00元

前言

QIANYAN

数控机床是机电一体化的典型产品，综合了计算机、自动控制、电机与拖动、电子和电力、自动检测及精密机械等方面的技术。数控机床的高精度、高效率及高柔性决定了发展数控机床是我国机械制造业技术改造的必由之路，是未来工程自动化的基础。随着数控机床的大量使用，掌握数控系统的基本原理及数控技术的基础知识尤为重要。

由于机床数控设备在使用过程中，受到设备运行环境、操作者、维修水平等因素的影响，设备发生故障的概率逐年增多。为了能够确保数控设备正常运转、减少设备故障发生率、提高设备使用率，需要对系统的工作特性、编程要求、故障信息的分析方法等各方面内容有比较全面的掌握。

本书共分为两篇，第 1 篇以北京航天数控系统有限公司主流产品为阐述对象，介绍了机床数控系统的电气连接、系统与伺服参数设置、PLC 设计、电气控制电路设计实例等方面的内容。希望让读者能够对机床数控系统有个全面的了解。第 2 篇以提高操作及维修人员对机床数控系统故障的诊断和维修能力为目的，介绍了故障常见分类、故障分析原则、故障排除的方法，以及大量的实际中遇到的机床数控系统故障案例和解决方案。力求对提高读者分析判断和解决数控系统故障能力有所帮助。

由于作者的水平有限，书中错误和疏漏之处在所难免，欢迎广大技术专家和读者指正。

编　者

2017 年 10 月

第1篇　数控系统电气与联调手册

第2篇 数控系统故障诊断与维护手册

第1篇　数控系统电气与联调手册

第1章 CASNUC 2000系列数控装置的连接

1.1 CASNUC 2000 系列数控系统概述

1.1.1 性能

CASNUC 2000 系列数控系统是一体化车铣床数控系统。该系统具有内装 PLC、图形显示功能及很好的通信功能，可连接直流伺服驱动系统或交流伺服驱动系统。主轴驱动可连接主轴伺服驱动器或变频调速驱动器。CASNUC 2000 系列数控系统的主要功能如下。

1. 控制轴数

2000TA 车床系统可控制 3 个轴和 1 个手轮；

2000MA 铣床系统可控制 4 个轴和 1 个手轮；

伺服可为交流伺服单元、直流伺服单元、数字式伺服。

2. 联动轴数

2000TA 车床系统联动轴数为 2 轴；

2000MA 铣床系统联动轴数为 3 轴。

3. 主轴控制

可连接主轴伺服、变频器。

4. 显示部件

8.0 寸液晶显示面板/微机兼容键盘(字母、数字)。

5. 通信

RS232 串行通信接口，最高速度为 115200 b/s。

6. 操作面板

I/O 点式用户自定义操作面板。

7. 手持盒

可带 1 个手轮和 8 个输入点的手持盒(选件)。

8. 机床输入、输出控制

2000TA 车床系统有 20 路机床输入点、16 路机床输出点；

2000MA 铣床系统有 32 路机床输入点、24 路机床输出点。

9. 存储器控制

128 MB(标配)，最大可选配 1 GB。

1.1.2 功率数据

1. 输入电路基本指标

(1) 标称输入电压:DC 24 V；

(2) 允许最大输入电压:DC 30 V；

(3) 最小有效输入电压:DC 18 V；

(4) 输入导通电流:5～8 mA；

(5) 输入截止最大允许电流:≤0.1 mA。

2. 输出电路基本指标

(1) 输出导通驱动电流:单路≤50 mA；

(2) 输出开路时漏电流:≤0.1 mA；

(3) 输出截止标称电压:DC 24 V；

(4) 允许最大输出电压:DC 30 V。

3. 电源

(1) 电压适应能力。数控系统在下列交流供电条件下能正常工作。

额定电压:单相 220 V(＋10％，－15％)；

频率:50 Hz(±1 Hz)。

(2) 电源丢波适应能力。电源系统在连续丢失 1 个周波的情况下能正常工作。

1.1.3 安全条件

符合国标 GB 5226.1—2008《机械电气安全　机械电气设备　第 1 部分:通用技术条件》中的安全要求。

1. 保护接地

保护接地端子与数控系统整机外壳及任何裸露导体之间的电阻不大于0.1 Ω。

2. 绝缘电阻

任一超过交流电压有效值 50 V 的裸露带电体与保护接地端之间的绝缘电阻不小于 50 MΩ，经受潮湿试验后不小于 1 MΩ。

3. 对地泄漏电流

任一电源线对保护接地端的泄漏电流值不大于 3.5 mA。

1.1.4 运行条件

按国标 GB 5226.1—2008《机械电气安全　机械电气设备　第 1 部分:通用技术

条件》中规定的条件运行。

数控系统的工作气候条件及贮存、运输气候条件如表 1-1 所示。

表 1-1 数控系统的工作、贮存及运输气候条件

项　　目	工作气候条件	贮存、运输气候条件
环境温度	0～40 ℃	−45～55 ℃
相对湿度	40%～80%	≤93%(40 ℃)无凝露

如果安装数控系统的环境温度超过 40 ℃，则要在用户机壳外面增加强制散热装置，保证数控系统正常运行的环境温度。加装风扇要注意以下几点：

(1) 一般进气口的位置在下面，排气口的位置在上面；

(2) 一般进气口要有滤尘装置，滤尘装置要经常清洁，最好每天清洁一次；

(3) 进气口不能吸入水(油)、水雾(油雾)等液体或可凝结成液体的物质。

1.2 CASNUC 2000 系列数控装置接口

1.2.1 2000TA 接口位置布局及接口说明

2000TA 车床数控系统接口的详细说明如表 1-2 所示。

2000TA 车床数控系统接口的详细位置如图 1-1 所示。

表 1-2 2000TA 接口说明

序号	名称	接 口 说 明
1	主轴编码器	主轴编码器接口，9 芯 DB 针座
2	模拟主轴	模拟主轴接口(−10 V ～+10 V)，9 芯 DB 孔座
3	X 轴	X 轴接口，26 芯 DB 针座
4	Z 轴	Z 轴接口，26 芯 DB 针座
5	附加面板	附加面板接口可接手轮、手持盒等，15 芯 DB 针座
6	I/O 输出	机床输出(DO)接口，25 芯 DB 针座
7	I/O 输入	机床输入(DI)接口，25 芯 DB 孔座
8	电源	电源接口(5 V、5 V GND、24 V、24 V GND)，4 芯接线端子座

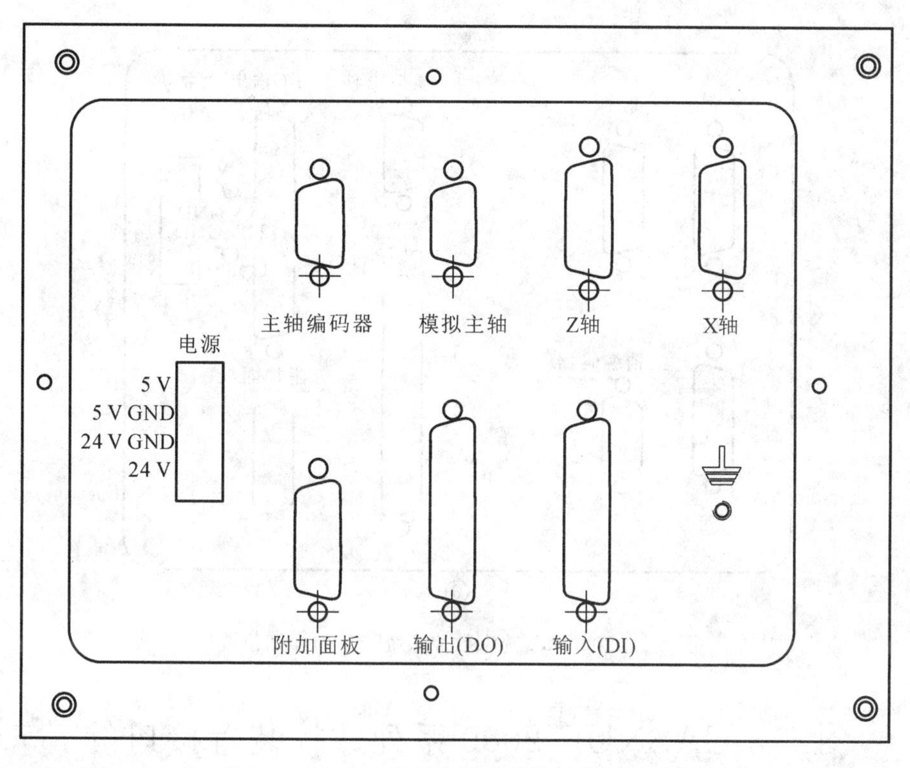

图 1-1 2000TA 车床数控系统接口的详细位置

1.2.2 2000MA 接口位置布局及接口说明

2000MA 铣床数控系统接口的详细说明如表 1-3 所示。

2000MA 铣床数控系统接口的详细位置如图 1-2 所示。

表 1-3 2000MA 接口说明

序号	名称	接口说明
1	主轴编码器	2000MA 系统主轴编码器接口,9 芯 DB 针座
2	模拟主轴	2000MA 系统模拟主轴接口,9 芯 DB 孔座
3	X 轴	2000MA 系统 X 轴接口,26 芯 DB 针座
4	Y 轴	2000MA 系统 Y 轴接口,26 芯 DB 针座
5	Z 轴	2000MA 系统 Z 轴接口,26 芯 DB 针座
6	附加面板	2000MA 系统附加面板接口,15 芯 DB 针座
7	I/O 输出	2000MA 系统机床 I/O 输出接口,37 芯 DB 孔座
8	I/O 输入	2000MA 系统机床 I/O 输入接口,37 芯 DB 针座
9	电源	2000MA 系统电源接口,4 芯接线端子座

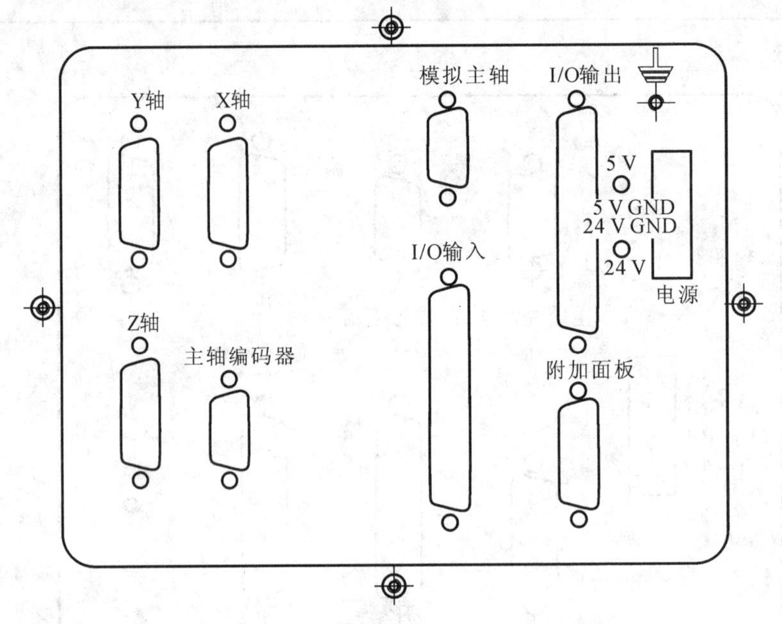

图 1-2　2000MA 铣床数控系统接口的详细位置

1.3　CASNUC 2000 系列数控装置接口的定义及使用说明

1.3.1　连接框图

2000TA 车床数控系统连接框图如图 1-3 所示。

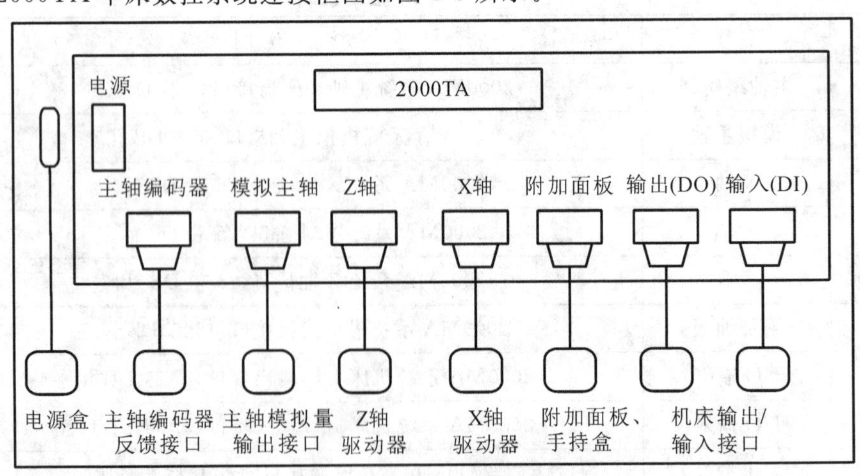

图 1-3　2000TA 连接框图

2000MA 铣床数控系统连接框图如图 1-4 所示。

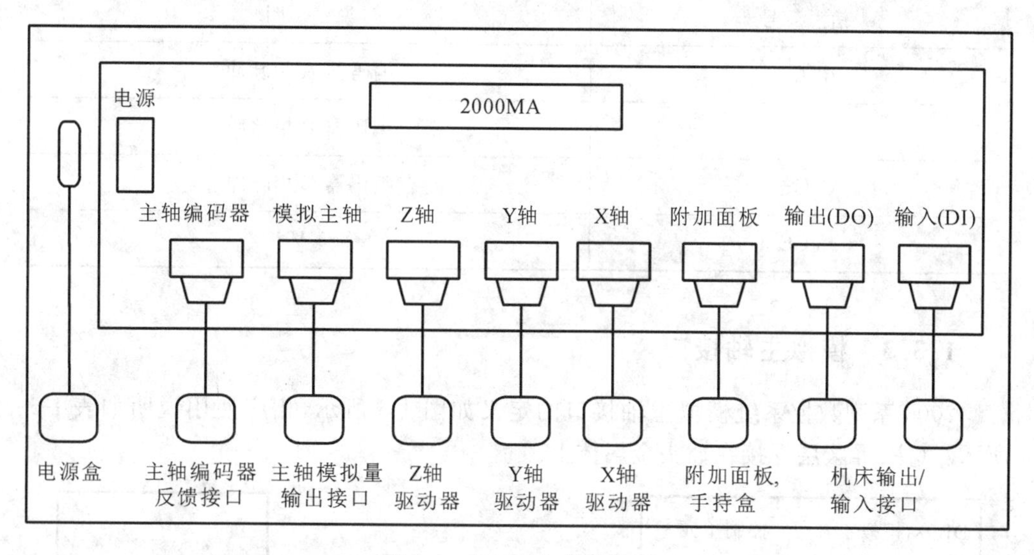

图 1-4 2000MA 连接框图

1.3.2 主轴编码器接口

2000 系列数控系统使用长线驱动型编码器,差分信号 A/A－,B/B－,C/C－连接时采用双绞线。2000 系列数控系统主轴编码器接口的定义如图 1-5 所示,相应使用说明如表 1-4 所示。

DB9Z(**主轴编码器**)

1	A
2	A－
3	B
4	B－
5	C
6	C－
7	VCE
8	GND
9	GND

9 芯 DB **针型插座**

图 1-5 2000 系列数控系统主轴编码器接口

表 1-4　主轴编码器接口使用说明

信　号	说　明
A/A－	编码器 A 相脉冲
B/B－	编码器 B 相脉冲
C/C－	编码器 C 相脉冲
VCE	5 V

1.3.3　模拟主轴接口

2000 系列数控系统模拟主轴接口的定义如图 1-6 所示，相应使用说明如表 1-5 所示。（注：屏蔽层焊接在插头金属体上。）

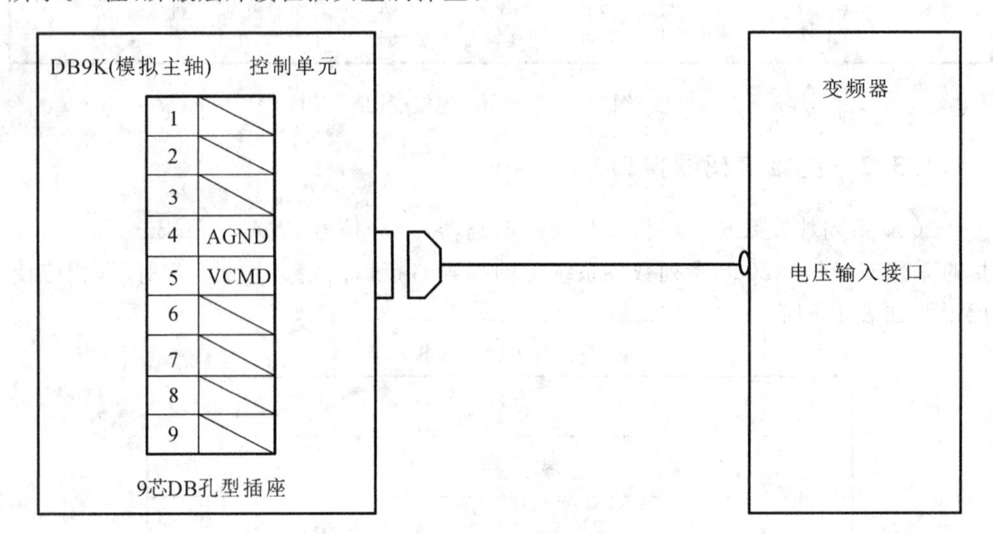

图 1-6　2000 系列数控系统模拟主轴接口

表 1-5　模拟主轴接口使用说明

信　号	说　明
VCMD	－10 V～0 V 模拟电压
	0 V～＋10 V 模拟电压
AGND	模拟信号地

1.3.4　X/Y/Z 轴接口信号定义

2000 系列数控系统伺服进给轴控制接口的定义如图 1-7 所示。

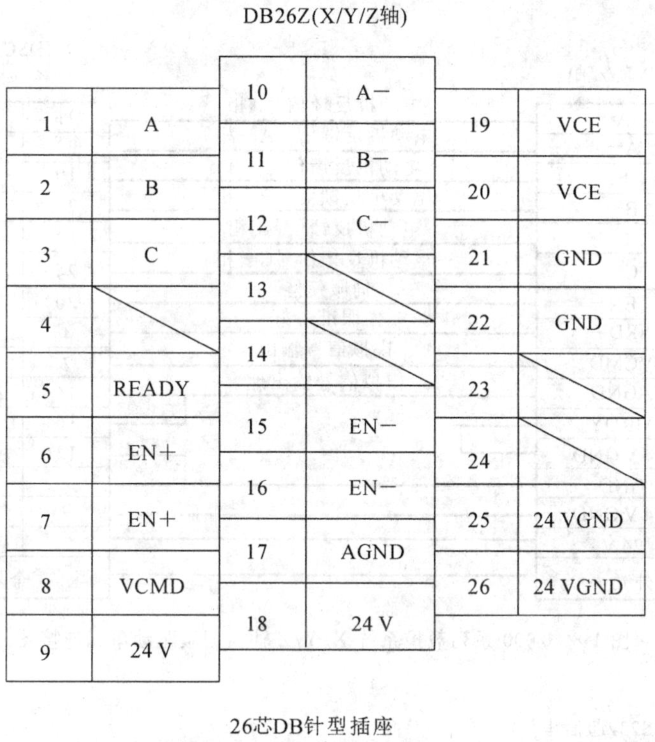

DB26Z(X/Y/Z轴)

引脚	信号	引脚	信号	引脚	信号
1	A	10	A－	19	VCE
2	B	11	B－	20	VCE
3	C	12	C－	21	GND
4		13		22	GND
5	READY	14		23	
6	EN＋	15	EN－	24	
7	EN＋	16	EN－	25	24 VGND
8	VCMD	17	AGND	26	24 VGND
9	24 V	18	24 V		

26芯DB针型插座

图 1-7　2000 系列数控系统 X/Y/Z 轴接口

对信号说明如下：

主机和主轴伺服单元之间的连线与使用的伺服型号有关。主机端共有两/三个伺服接口(X 轴、Y 轴、Z 轴)，所有的伺服接口的定义是相同的。如果连接主轴伺服，除接口信号外还需要其他的开关量的输入输出，这时用 PLC 的 I/O 模块连接。如果伺服的控制、反馈不在一个插头上，请按给出的系统端伺服控制插头定义与主轴端的定义对应连接。差分信号 A/A－，B/B－，C/C－连接时采用双绞线，线的截面面积不小于 0.2 mm^2。

系统到驱动单元的连接图以连接 DSCU-30AEM 驱动器为例，连接图如图 1-8 所示。

1.3.5　RS232 通信接口

2000 系列数控系统 RS232 通信接口的定义如图 1-9 所示。

1.3.6　附加面板接口

用户根据需求可接附加面板和手持盒，附加面板接口的定义如图 1-10 所示，相应的使用说明如表 1-6 所示。

2000(X轴/Y轴/Z轴)		连接	DSCU-30AEM 信号接口	
1	A	电动机反馈信号A相	11	A
10	A－	电动机反馈信号A－相	23	A－
2	B	电动机反馈信号B相	10	B
11	B－	电动机反馈信号B－相	22	B－
3	C	电动机反馈信号C相	12	C
12	C－	电动机反馈信号C－相	24	C－
15	EN－	伺服使能	20	EN－
5	SRDY	伺服准备好	4	SRDY
8	VCMD	模拟信号输出	2	VCMD
17	AGND	模拟信号输出地	14	AGND
			16	AGND
7	MRDY		13	GND
25	24 V GND		25	GND
21	GND			
26	24 V GND		9	24 V GND
9	24 V		7	24 V
金属外壳			金属外壳	

图 1-8　2000 系列数控系统 X/Y/Z 轴与伺服驱动单元连接图

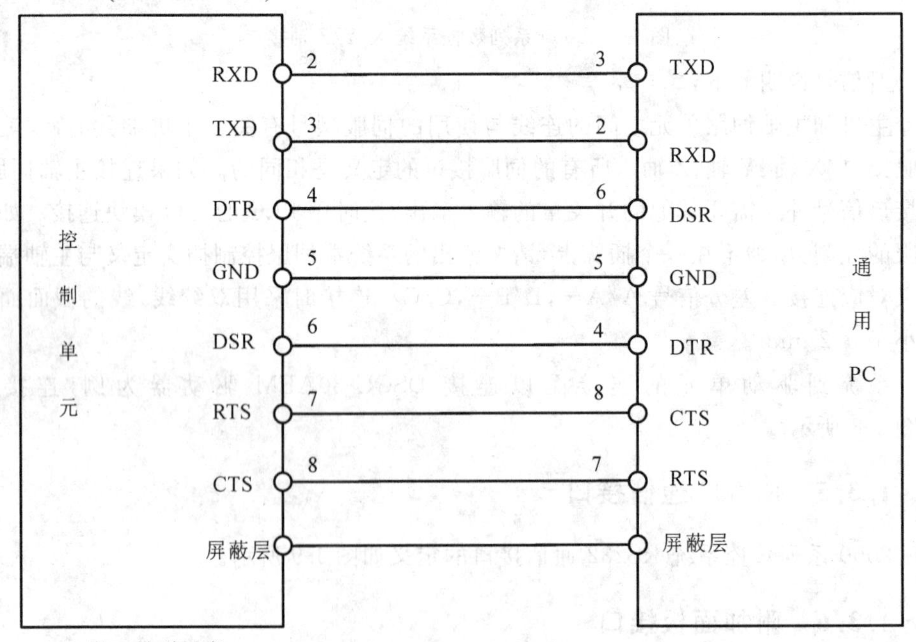

图 1-9　2000 系列数控系统 RS232 接口

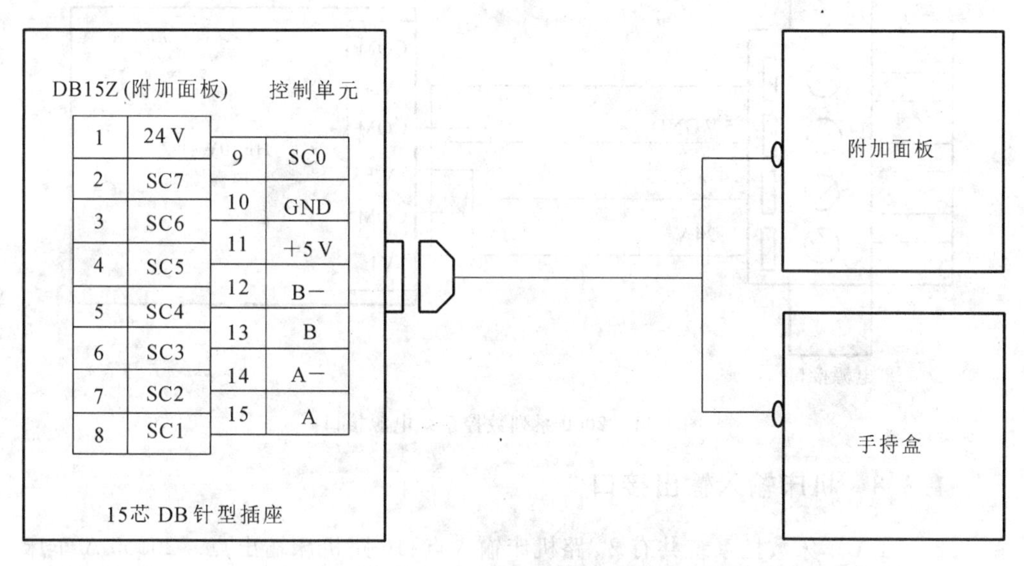

图 1-10 2000 系列数控系统附加面板接口

表 1-6 附加面板及手持盒接口使用说明

信 号	说 明
A/A−	手轮 A 相信号
B/B−	手轮 B 相信号
+5 V/GND	为手轮供电的直流电源
24 V	为手持盒供电的直流电源
SC0～SC7	手持盒信号

手持盒供电使用附加面板接口所提供的 24 V 电源，手轮接 5 V 电源。

1.3.7 电源接口

2000 系列数控系统采用 HF70W-T-Z 电源盒，共三组电压：V1/COM、V2/COM、V3/COM。HF70W-T-Z 电源盒需外接 220 V 交流电源。

HF70W-T-Z 电源盒到 2000 系列数控系统电源接口的连接如图 1-11 所示。

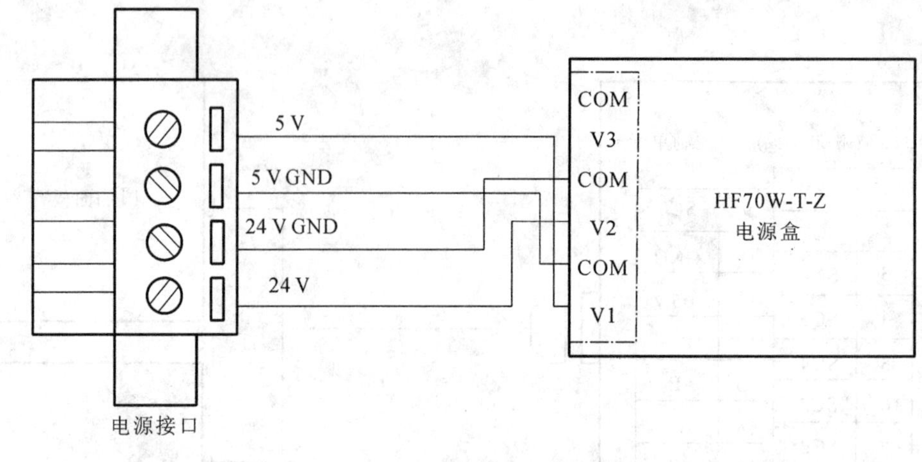

图 1-11　2000 系列数控系统电源接口

1.3.8　机床输入输出接口

2000TA 车床数控系统共有 20 路机床输入点、16 路机床输出点。2000TA 车床输入输出接口的定义如图 1-12 所示。

25芯针型插座(输入接口)

引脚	定义	引脚	定义
1	ICOM	14	ICOM
2	24 V GND	15	24 V
3	24 V	16	I20
4	I19	17	I18
5	I17	18	I16
6	I15	19	I14
7	I13	20	I12
8	I11	21	I10
9	I9	22	I8
10	I7	23	I6
11	I5	24	I4
12	I3	25	I2
13	I1		

25芯孔型插座(输出接口)

引脚	定义	引脚	定义
1	24 V	14	24 V
2	24 V GND	15	24 V GND
3		16	
4		17	
5		18	O1
6	O2	19	O3
7	O4	20	O5
8	O6	21	O7
9	O8	22	O9
10	O10	23	O11
11	O12	24	O13
12	O14	25	O15
13	O16		

图 1-12　2000TA 车床输入输出接口

2000MA 铣床系统共有 32 路机床输入点、24 路机床输出点。2000MA 铣床输入输出接口的定义如图 1-13 所示。

37芯针型插座(输入接口)

引脚	信号	引脚	信号
1	I23	20	I24
2	I21	21	I22
3	I27	22	I28
4	I25	23	I26
5	I31	24	I32
6	I29	25	I30
7	I12	26	I11
8	I10	27	I9
9	I16	28	I15
10	I14	29	I13
11	I20	30	I19
12	I18	31	I17
13	I4	32	I3
14	I2	33	I1
15	I8	34	I7
16	I5	35	I6
17	24 VGND	36	24 VGND
18	24 VGND	37	24 VGND
19	24 VGND		

37芯孔型插座(输出接口)

引脚	信号	引脚	信号
1	O23	20	O2
2	O17	21	O20
3	O19	22	O18
4	O22	23	O21
5	O1	24	O24
6	O4	25	O3
7	O11	26	O14
8	O5	27	O8
9	O7	28	O6
10	O10	29	O9
11	O13	30	O12
12	O16	31	O15
13		32	
14	+24 V	33	+24 V
15	+24 V	34	+24 V
16		35	
17	24 VGND	36	24 VGND
18	24 VGND	37	24 VGND
19	24 VGND		

图 1-13　2000MA 铣床输入输出接口

1.4　CASNUC 2000 系列数控装置的连接

1.4.1　连接规则

为了最大限度地减少数控系统的干扰，应遵守以下 EMC 规则。

- 确保信号线与负载线(含电源线)距离越远越好。
- 信号线与负载线(含电源线)可以交叉(最好是90°),不允许平行。
- 主机与伺服之间的电缆、主机与I/O转接模块之间的电缆为信号线,必须使用屏蔽线。其中主机与伺服之间的电缆为8对双绞屏蔽线,线径不小于0.2 mm^2(RVVP8×2×0.2),主机与I/O转接模块之间的电缆线径不小于0.2 mm^2(RVVP37×0.2)。
- 信号线应远离强磁场。
- 如果因空间位置较小不能实现分开走线的,信号线应加装金属屏蔽管。
- 信号线应根据需求越短越好。

1.4.2 电源连接要求

进线要求三相五线制380 V(+10%,-15%)交流电源。输入总功率要参考采用的伺服系统而定。必须有良好的地线系统,绝不能用电源进线的中线代替地线。如果用户没订购控制柜和配电盘,主机220 V的供电一定要经隔离变压器,隔离变压器的容量不小于100 VA。

1.4.3 附加面板

2000系列数控系统附加面板示意图如图1-14所示。

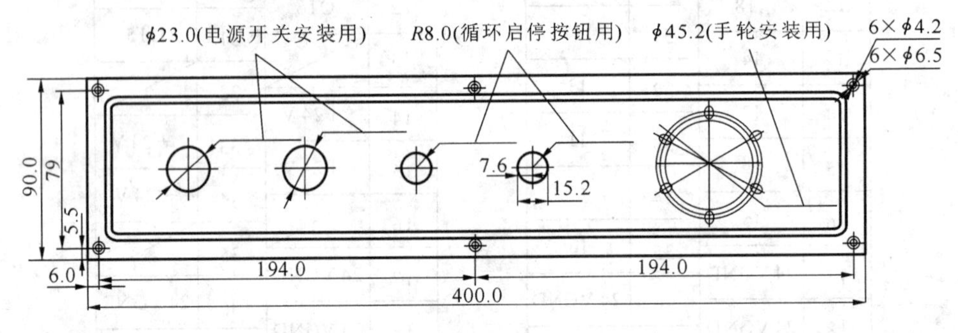

图1-14　2000系列数控系统附加面板示意图

循环启动键和循环停止键都需接24 V电源,手轮接5 V电源。附加面板的信号由2000系列数控系统的附加面板接口提供,具体参见本书对附加面板接口的相关描述。

1.4.4 I/O转接板插座的定义

2000TA车床系统I/O点输入插座(DB25针座,标号:J1)如表1-7所示。

表 1-7　2000TA 输入插座

J1 插座点号	信号定义	J1 插座点号	信号定义
1	ICOM	14	ICOM
2	GND	15	24 V
3	24 V	16	I20
4	I19	17	I18
5	I17	18	I16
6	I15	19	I14
7	I13	20	I12
8	I11	21	I10
9	I9	22	I8
10	I7	23	I6
11	I5	24	I4
12	I3	25	I2
13	I1		

2000TA 车床系统 I/O 点输出插座(DB25 孔座,标号:J2) 如表 1-8 所示。

表 1-8　2000TA 输出插座

J2 插座点号	信号定义	J2 插座点号	信号定义
1	24 V	14	24 V
2	GND	15	GND
3		16	
4		17	
5		18	O1
6	O2	19	O3
7	O4	20	O5
8	O6	21	O7
9	O8	22	O9
10	O10	23	O11
11	O12	24	O13
12	O14	25	O15
13	O16		

2000MA 铣床系统 I/O 点输入插座(DB37 针座,标号:J1) 如表 1-9 所示。

表 1-9　2000MA 输入插座

J1 插座点号	信号定义	J1 插座点号	信号定义
1	I1	20	I17
2	I2	21	I18
3	I3	22	I19
4	I4	23	I20
5	I5	24	I21
6	I6	25	I22
7	I7	26	I23
8	I8	27	I24
9	I9	28	I25
10	I10	29	I26
11	I11	30	I27
12	I12	31	I28
13	I13	32	I29
14	I14	33	I30
15	I15	34	I31
16	I16	35	I32
17	24 V GND	36	24 V GND
18	24 V GND	37	24 V GND
19	24 V GND		

2000MA 铣床系统 I/O 点输出插座(DB37 孔座,标号:J2) 如表 1-10 所示。

表 1-10　2000MA 输出插座

J2 插座点号	信号定义	J2 插座点号	信号定义
1	O1	7	O7
2	O2	8	O8
3	O3	9	O9
4	O4	10	O10
5	O5	11	O11
6	O6	12	O12

续表

J2 插座点号	信号定义	J2 插座点号	信号定义
13	32	26	O19
14	24 V	27	O20
15	24 V	28	O21
16		29	O22
17	24 V GND	30	O23
18	24 V GND	31	O24
19	24 V GND	32	
20	O13	33	24 V
21	O14	34	24 V
22	O15	35	
23	O16	36	24 V GND
24	O17	37	24 V GND
25	O18		

1.4.5 内装 PLC 和机床电气连接

CASNUC 2000 数控系统内装 PLC 与机床电气连接是通过 I/O 模块实现的。2000TA 数控系统机床 I/O 模块有 20 路输入点和 16 路输出点。2000MA 数控系统机床 I/O 模块有 32 路输入点和 24 路输出点。机床的输入/输出点直接连接在机柜内的 I/O 转接模块上(按照 I/O 模块上的对应点进行连接)。

(1) 24 V 和 24 V GND 通过系统的 I/O 电缆提供;

(2) ICOM(输入公共点)端接 24 V 或者 24 V GND。

1. 输入电路

输入电路的基本形式及外部连接示意图如图 1-15 所示。

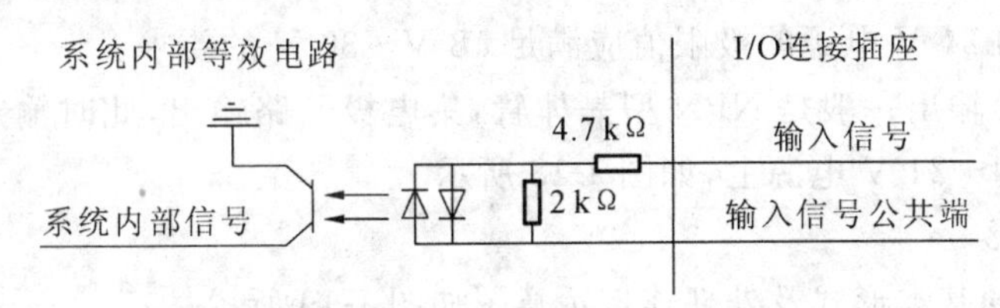

图 1-15 输入电路的基本形式及外部连接示意图

输入电路的基本指标如下。

- 标称输入电压:DC24 V。
- 允许最大输入电压:DC30 V。
- 最小有效输入电压:DC18 V。

- 输入导通态电流：4～10 mA。
- 输入截止态最大允许电流：≤0.1 mA。
- 输入截止态最大允许电压：<0.5 V。

输入电路的连接可分以下两种形式。

(1) 输入公共点接 24 V 电源的负端，开关串接在输入点和 24 V 电源正端之间，如图 1-16 所示。

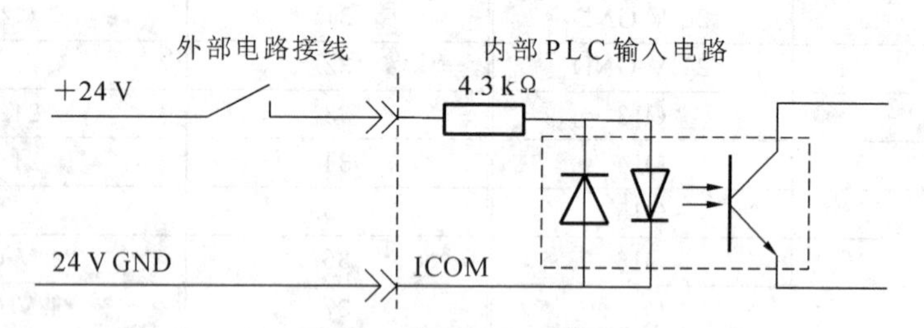

图 1-16　输入电路的基本连接示意图(1)

(2) 输入公共点接 24 V 电源的正端，开关串接在输入点和 24 V 电源负端之间，如图 1-17 所示。

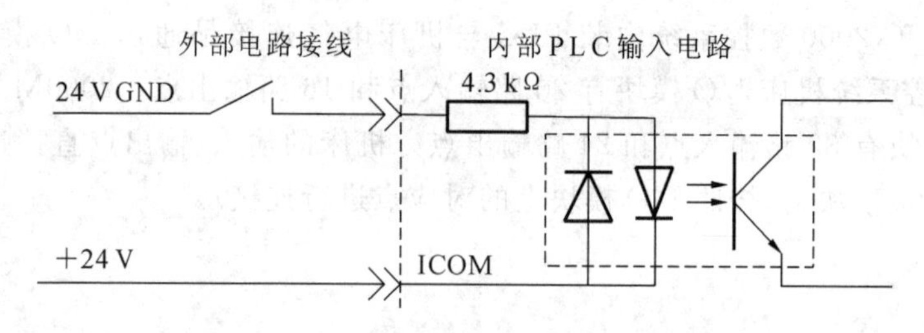

图 1-17　输入电路的基本连接示意图(2)

输入点连接的注意事项如下。

- ICOM(输入公共点)可以接电源正端，也可以接电源负端，但是一旦选定，所有的输入点的公共点都是一样的。
- I/O 点的 24 V 电源的极限值应满足 18 V～30 V 的要求。
- 刀架信号输出一般是 NPN 型晶体管，集电极开路输出，此时输入信号公共点(ICOM)要接到+24 V 电源上，如图 1-18 所示。

2. 输出电路

输出电路的基本形式及外部连接示意图如图 1-19 所示。

输出电路的基本指标如下。

- 截止态输出电压：DC24 V±25%。
- 导通态驱动电流：≤50 mA(含瞬时电流)。
- 导通态输出压降：1 V≤Von≤1.5 V。

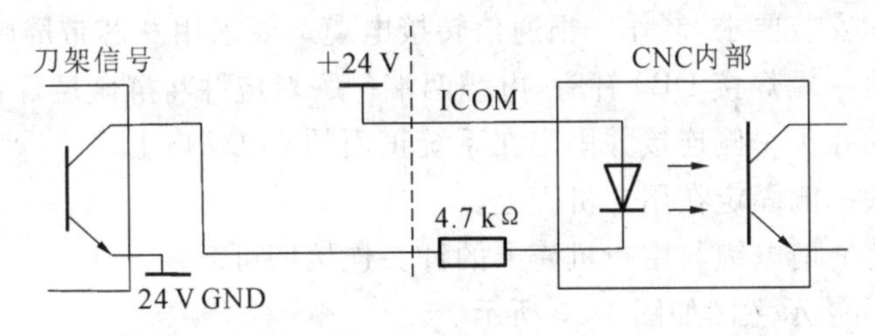

图 1-18 刀架信号连接示意图

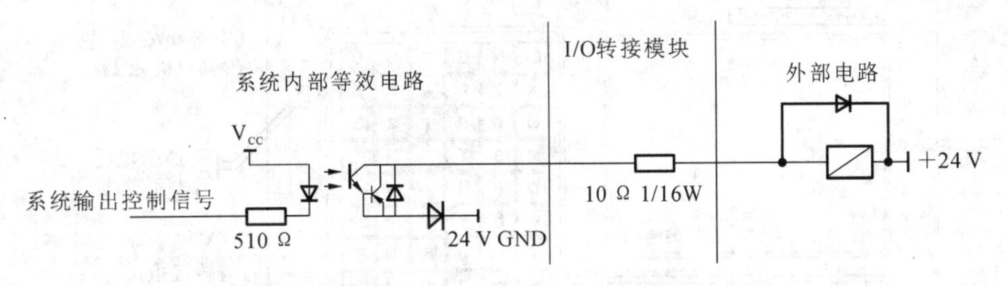

图 1-19 输出电路的基本形式及外部连接示意图

- 输出开路时漏电流：≤0.1 mA。
- 加电初始状态：OFF。

为保证数控系统工作的稳定性，要求与输出电路相连的机床强电开关（如：继电器、电磁阀等）满足下列条件。

- 与输出电路直接相连的机床侧电器工作电压为 DC24 V。
- 与输出电路直接相连的继电器等感性负载一定要加噪声抑制二极管等消噪声电路，以保证包括瞬时电压在内的最大电压不超过 30 V。
- 经中间继电器驱动的感性负载一定要加火花抑制器。火花抑制器的位置尽可能靠近负载（20 cm 以内）。根据继电器驱动负载的不同，火花抑制器的灭弧能力一定要够。
- 与输出电路直接相连容性负载、灯泡等变阻性负载时一定要串接限流电阻，以保证包括瞬时电流在内的最大电流不大于 50 mA。否则可能造成输出驱动电路的永久损坏。

输出点连接的注意事项如下。

- 无论何时，输出驱动电流都不允许大于规定的电流值 50 mA。如果驱动的负载启动电流较大，应加限流电阻以保证瞬时电流不大于 70 mA。
- 驱动感性负载时，要加消噪声电路。如图 1-19 所示，用二极管消噪声时一定要注意二极管的极性不能接错，二极管的耐压要大于电源电压 1.5 倍，二极管的工作电流要大于负载电流的 2 倍。

1.4.6 通信连接

通信电缆连接说明如下。

● 根据实际安装要求，制作一根通信转接电缆。要求用 9 芯带屏蔽电缆，一端焊接 DB9 孔头，另一端焊接 DB9 针头，电缆两端一一对应并将屏蔽层焊在壳上。

● 把电缆的孔头一侧连接并固定在系统正面的 COM 口上。

● 电缆针头一侧固定在用户机壳上。

● 通信时将通信电缆与用户机壳上的针头连接即可。

通信电缆连接示意图如图 1-20 所示。

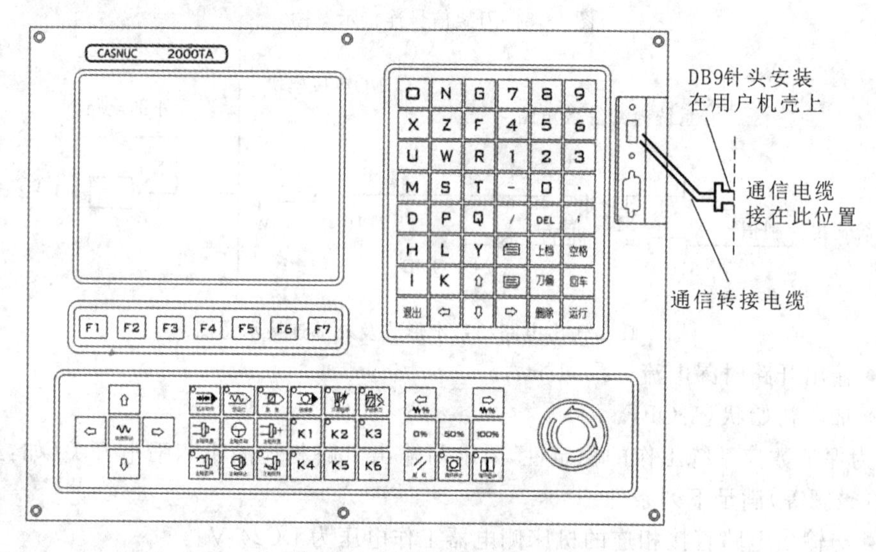

图 1-20 通信电缆连接示意图

1.4.7 主机电缆连接

2000 系列数控系统主机电缆连接如表 1-11 所示。

表 1-11 主机电缆连接

序号	电缆名称	从何处来	到何处去	备注
1	主轴反馈电缆	主轴伺服单元	2000 系列数控系统主轴编码器接口	
2	主轴给定电缆	2000 系列数控系统模拟主轴接口	主轴伺服单元	
3	X 轴伺服控制电缆	2000 系列数控系统 X 轴接口	X 轴伺服单元	
4	Y 轴伺服控制电缆	2000MA 系统 Y 轴接口	Y 轴伺服单元	
5	Z 轴伺服控制电缆	2000 系列数控系统 Z 轴接口	Z 轴伺服单元	
6	附加面板电缆	2000 系列数控系统附加面板接口	附加面板或手持盒	根据用户需求

续表

序号	电缆名称	从何处来	到何处去	备注
7	I/O 输出电缆	2000 系列数控系统 I/O 输出接口	I/O 转接输出模块	根据用户需求
8	I/O 输入电缆	2000 系列数控系统 I/O 输入接口	I/O 转接输入模块	根据用户需求
9	X 轴电动机驱动	X 轴伺服电动机	X 轴伺服单元	选配
10	Y 轴电动机驱动	Y 轴伺服电动机	Y 轴伺服单元	选配
11	Z 轴电动机驱动	Z 轴伺服电动机	Z 轴伺服单元	选配
12	X 轴电动机反馈	X 轴伺服电动机	X 轴伺服单元	选配
13	Y 轴电动机反馈	Y 轴伺服电动机	Y 轴伺服单元	选配
14	Z 轴电动机反馈	Z 轴伺服电动机	Z 轴伺服单元	选配

1.4.8 电缆图示例

(1) 模拟主轴接口给定电缆如图 1-21 所示。

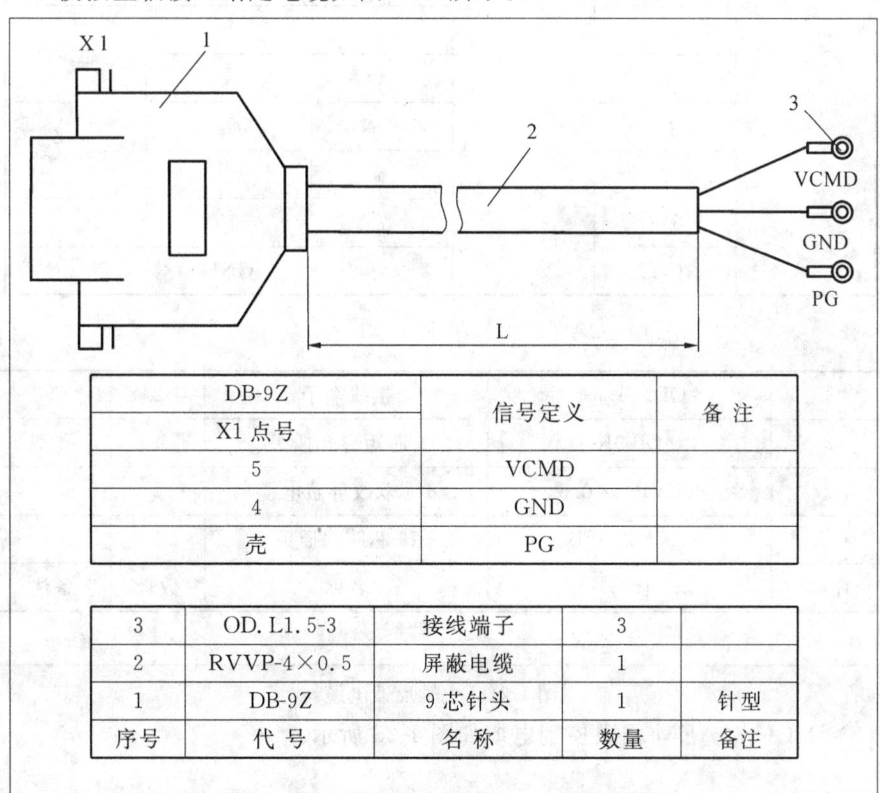

DB-9Z X1 点号	信号定义	备注
5	VCMD	
4	GND	
壳	PG	

序号	代号	名称	数量	备注
3	OD. L1. 5-3	接线端子	3	
2	RVVP-4×0.5	屏蔽电缆	1	
1	DB-9Z	9 芯针头	1	针型

图 1-21 模拟主轴接口给定电缆

(2) 主轴反馈电缆如图 1-22 所示。

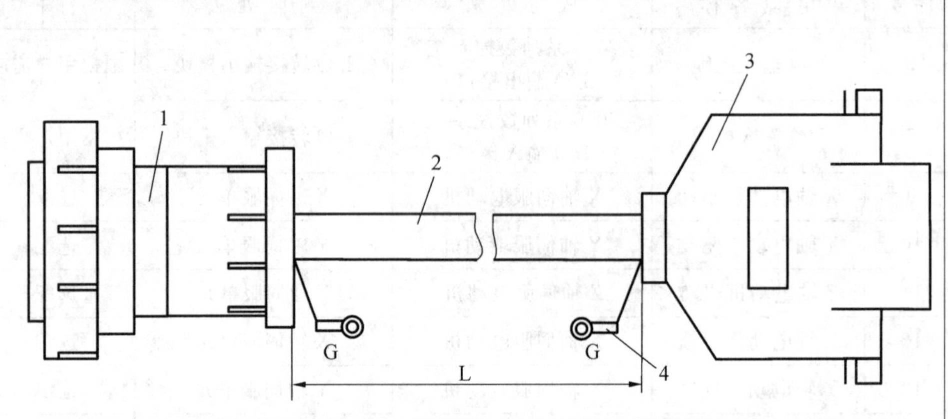

CX24Z19FB		DB-9K		信号名称	备注
元件位号	接点号	元件位号	接点号		
	13		1	A	一组绞线
	1		2		
	15		3	B	一组绞线
	3		4		
	14		5	Z	一组绞线
	2		6		
	6,8		7	+5 V	
	10,12		8,9	GND	

序号	代号	名称	数量	备注
4	OD. L1. 5-5	接线端子	2	
3	DB-9K	9 芯矩形孔插头	1	孔型
2	RVVP-4×0. 5	8 芯双绞屏蔽电缆	1	
1	CX24Z19FB	19 芯航空插头	1	

图 1-22　主轴反馈电缆

(3) DSCU-30AEM 伺服控制电缆如图 1-23 所示。

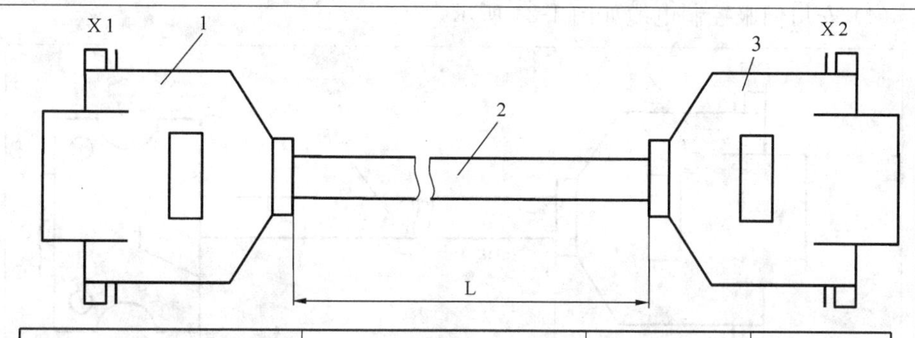

706HD-26	DB25-K	信号定义	备注
X1 点号	X2 点号		
1	11	A	双绞
10	23	A−	
2	10	B	双绞
11	22	B−	
3	12	C	双绞
12	24	C−	
15,25		EN1	双绞
6	20	EN2	
8	2	VCMD	双绞
17	14,16	AGND	
5	4	SRDY	双绞
21,22	13,25	GND	
25	9	24 V 地	双绞
9,18	7	24 V	
19,20		VCE	双绞
壳	15	屏蔽	

3	DB25-K	25 芯孔头	1
2	RVVP-8×2×0.2	双绞屏蔽电缆	1
1	706HD-26	26 芯孔头	1
序号	代号	名称	数量

图 1-23 DSCU-30AEM 伺服控制电缆

(4) 安川伺服控制电缆如图 1-24 所示。

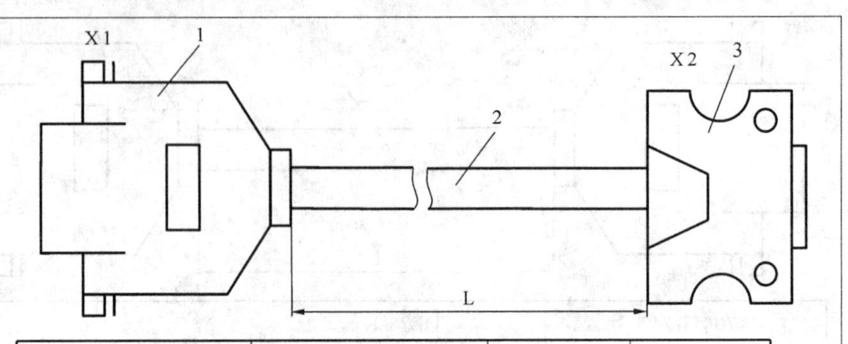

706HD-26	DE9406970	信号定义	备注
X1 点号	X2 点号		
1	33	A	双绞
10	34	A—	
2	35	B	双绞
11	36	B—	
3	19	C	双绞
12	20	C—	
6	40	EN1	双绞
15,25		EN2	
8	5	VCMD	双绞
17	6	AGND	
5	29	SRDY	双绞
21,22	1,2	GND	
25	30	24 V 地	双绞
9,18	47	24 V	
19,20		VCE	双绞
壳	50,壳	屏蔽	

3	DE9406970	50 芯孔头	1
2	RVVP-8×2×0.2	双绞屏蔽电缆	1
1	706HD-26	26 芯孔头	1
序号	代号	名称	数量

图 1-24　安川伺服控制电缆

(5) RS232 通信电缆如图 1-25 所示。

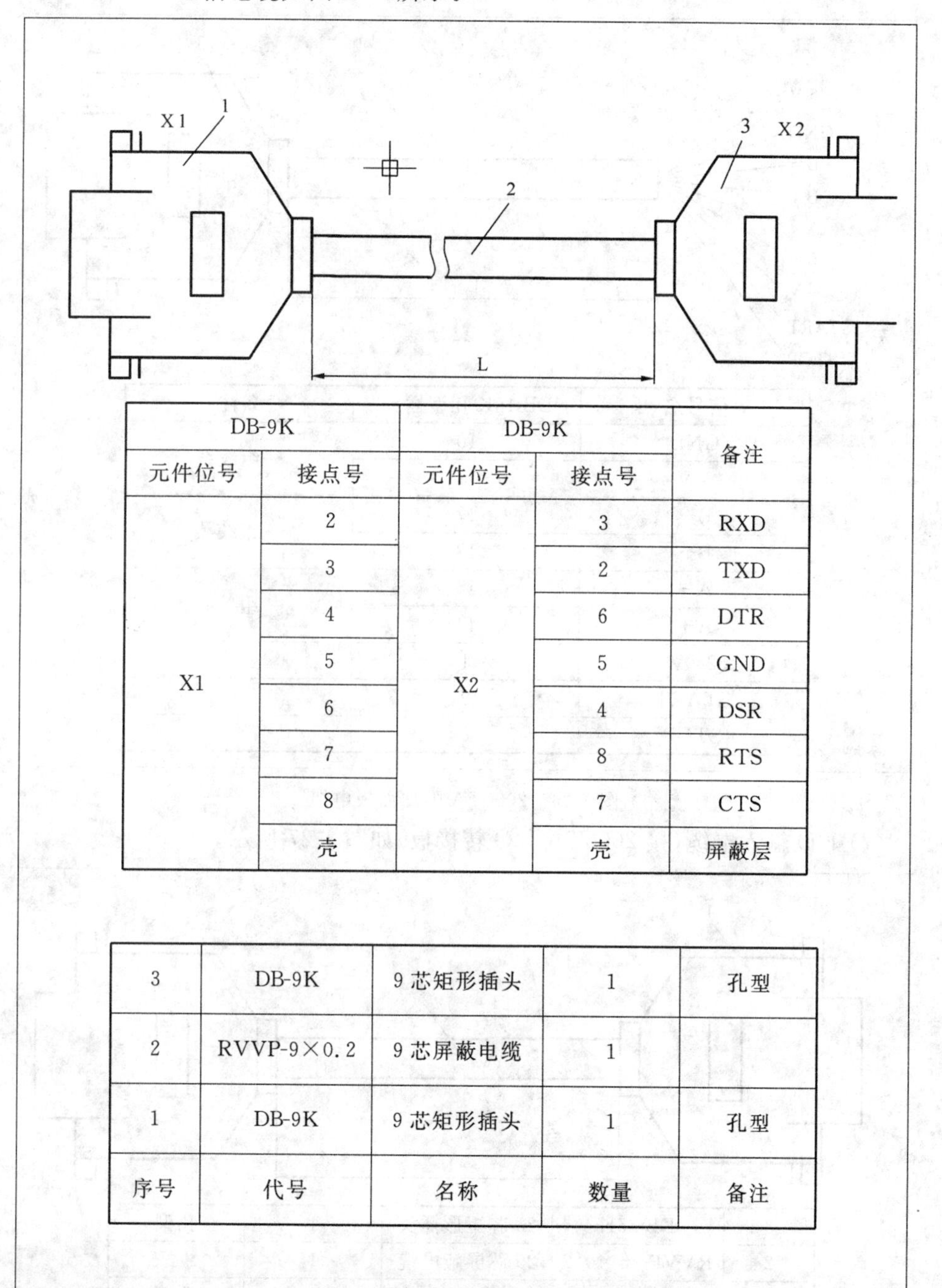

DB-9K		DB-9K		备注
元件位号	接点号	元件位号	接点号	
X1	2	X2	3	RXD
	3		2	TXD
	4		6	DTR
	5		5	GND
	6		4	DSR
	7		8	RTS
	8		7	CTS
	壳		壳	屏蔽层

3	DB-9K	9 芯矩形插头	1	孔型
2	RVVP-9×0.2	9 芯屏蔽电缆	1	
1	DB-9K	9 芯矩形插头	1	孔型
序号	代号	名称	数量	备注

图 1-25　RS232 通信电缆

(6) 2000TA 附加面板电缆如图 1-26 所示。

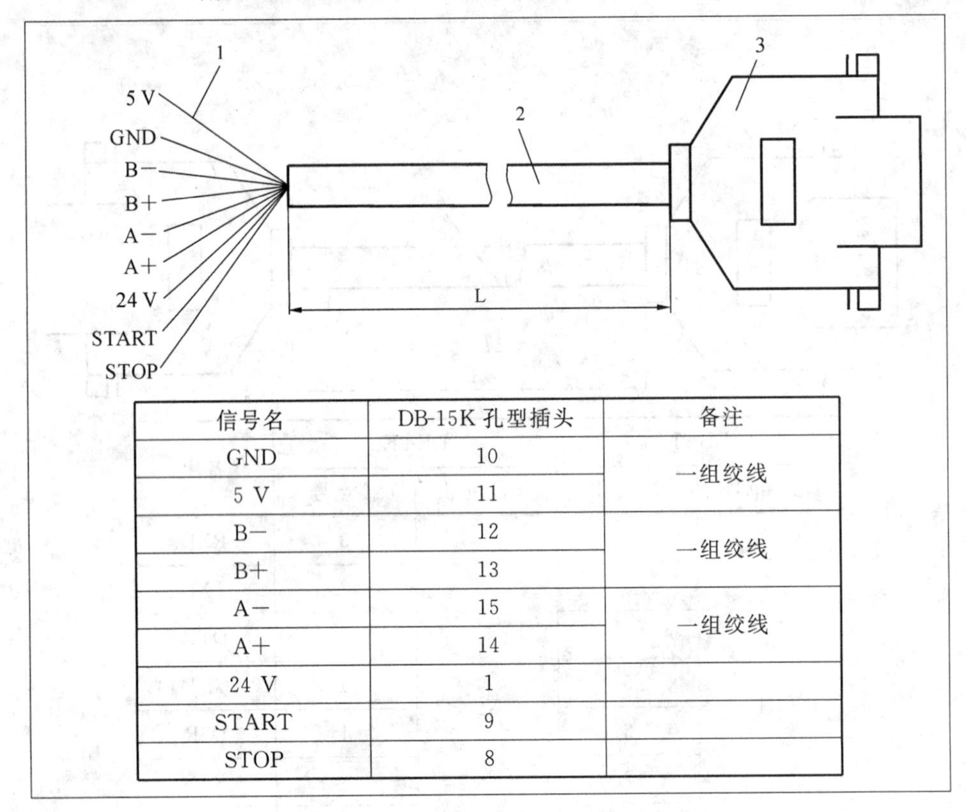

信号名	DB-15K 孔型插头	备注
GND	10	一组绞线
5 V	11	
B−	12	一组绞线
B+	13	
A−	15	一组绞线
A+	14	
24 V	1	
START	9	
STOP	8	

图 1-26　2000TA 附加面板电缆

(7) I/O 输入电缆(接 2000TA I/O 转接板)如图 1-27 所示。

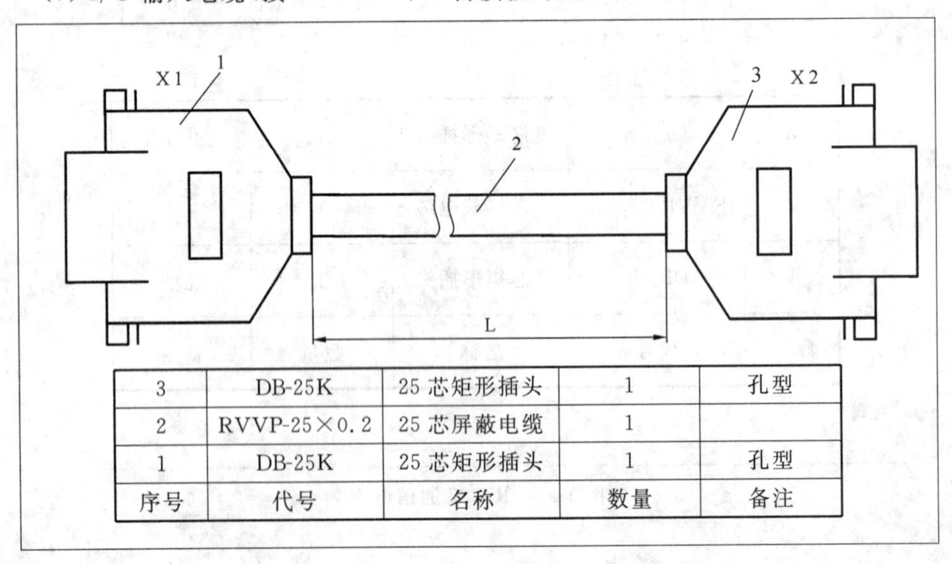

3	DB-25K	25 芯矩形插头	1	孔型
2	RVVP-25×0.2	25 芯屏蔽电缆	1	
1	DB-25K	25 芯矩形插头	1	孔型
序号	代号	名称	数量	备注

图 1-27　2000TA I/O 输入电缆

(8) I/O 输出电缆(接 2000TA I/O 转接板)如图 1-28 所示。

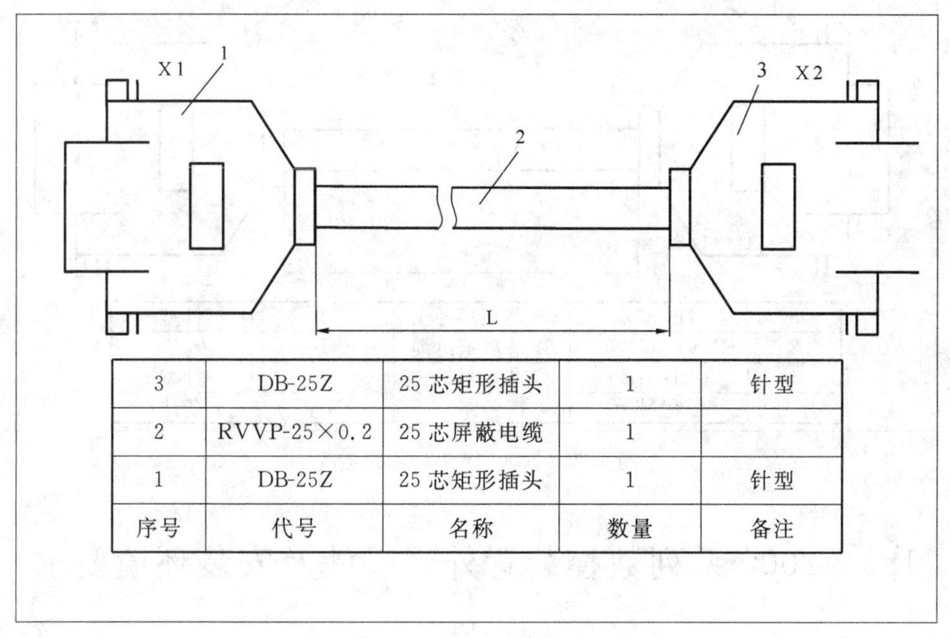

3	DB-25Z	25 芯矩形插头	1	针型
2	RVVP-25×0.2	25 芯屏蔽电缆	1	
1	DB-25Z	25 芯矩形插头	1	针型
序号	代号	名称	数量	备注

图 1-28 2000TA I/O 输出电缆

(9) 2000MA I/O 输入电缆(配 32 入模块)如图 1-29 所示。

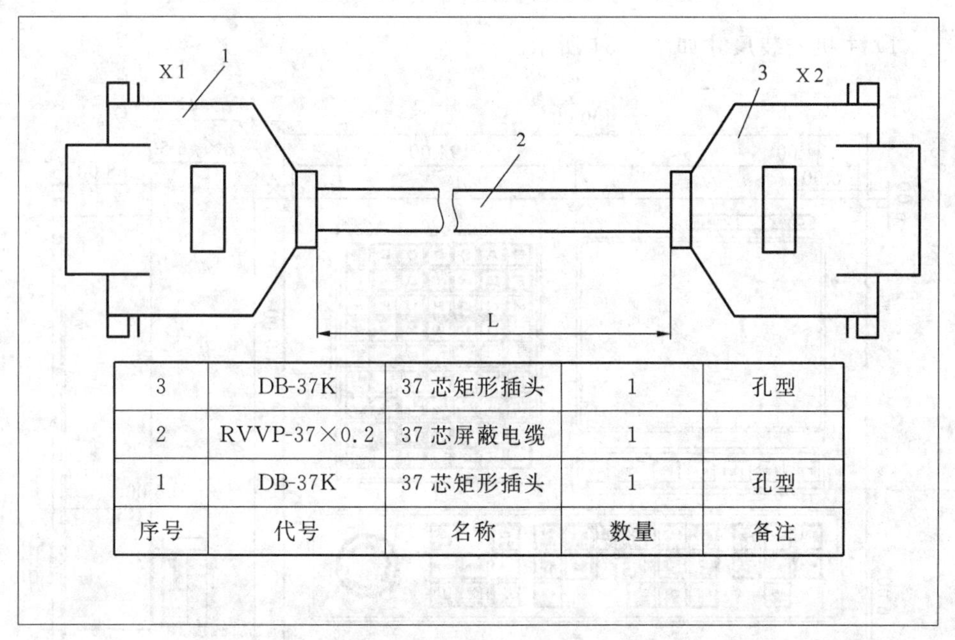

3	DB-37K	37 芯矩形插头	1	孔型
2	RVVP-37×0.2	37 芯屏蔽电缆	1	
1	DB-37K	37 芯矩形插头	1	孔型
序号	代号	名称	数量	备注

图 1-29 2000MA I/O 输入电缆

(10) 2000MA I/O 输出电缆(配 24 出模块)如图 1-30 所示。

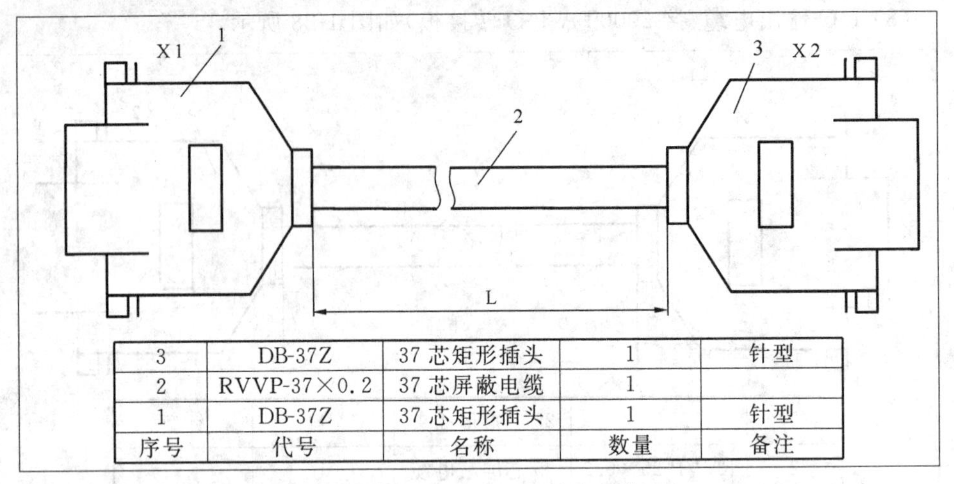

3	DB-37Z	37 芯矩形插头	1	针型
2	RVVP-37×0.2	37 芯屏蔽电缆	1	
1	DB-37Z	37 芯矩形插头	1	针型
序号	代号	名称	数量	备注

图 1-30　2000MA I/O 输出电缆

1.5　2000 系列数控装置外观尺寸及安装环境要求

1.5.1　2000 系列数控装置安装尺寸

(1) 主机安装尺寸如图 1-31 所示。

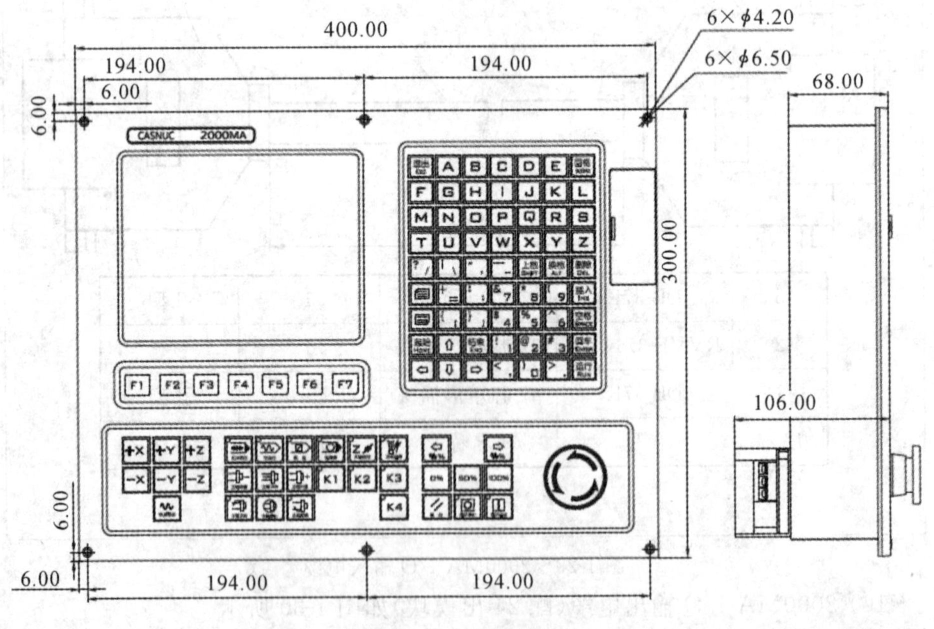

图 1-31　主机安装尺寸

（2）横版附加面板尺寸如图 1-32 所示。

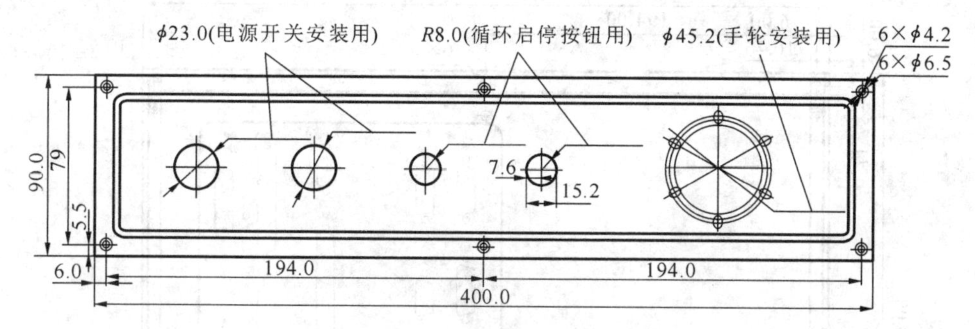

图 1-32 横版附加面板安装尺寸

（3）竖版附加面板尺寸如图 1-33 所示。

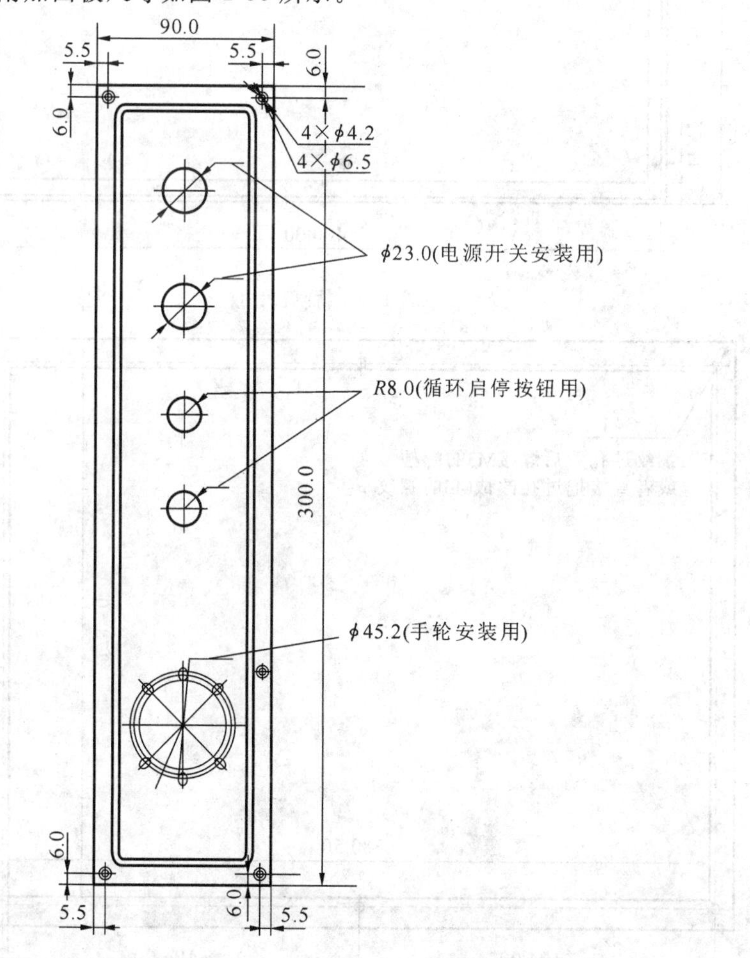

图 1-33 竖版附加面板安装尺寸

（4）后盖尺寸如图 1-34 所示。

（5）系统安装开孔尺寸如图 1-35 所示。

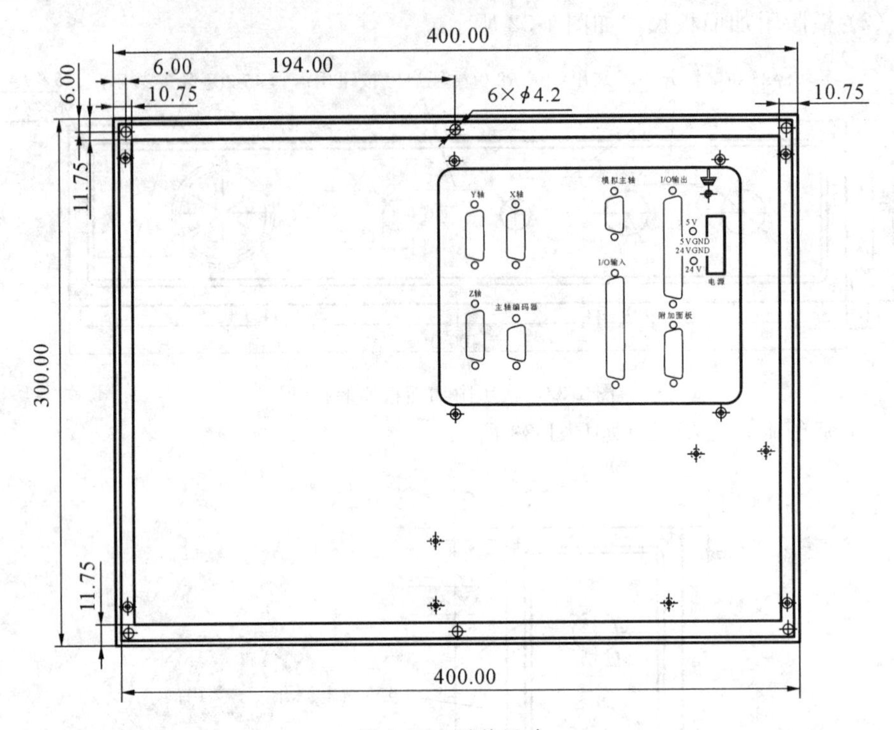

图 1-34　后盖尺寸

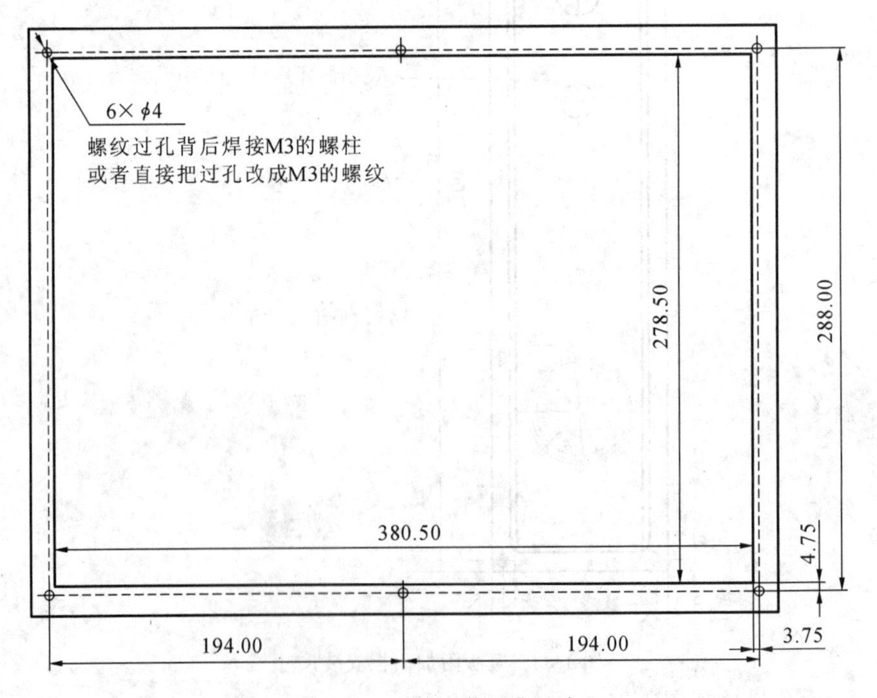

图 1-35　系统安装开孔尺寸

1.5.2 安装环境要求

1. 电源供给

交流电源供给应符合标准 GB 5226.1—2008 中相关条款的要求。

● 输入电压：单相交流 220 V(+10%，−15%)。

● 最大输入电流：3.15 A。

● 主机交流输入与交流电源进线之间要有隔离变压器，隔离变压器的容量不小于 100 VA。

伺服驱动装置的供电要求，请参看选用的伺服驱动装置和主轴驱动装置的说明书。

2. 接地

数控系统的安装要求有良好的接地系统。接地的质量好坏将直接影响数控系统工作的稳定性。严禁使用电源进线的中线代替地线。接地要求如下。

● 接地电阻不大于 0.1 Ω。

● 机柜内要有接地汇流排，把所有地线都接至接地汇流排后再统一接地线系统。

● 建议接地汇流排与地线系统的连线截面面积不小于 10 mm^2，并且要求尽量短。

● 电缆进机柜后要先紧固接地然后再与系统相连，以保证屏蔽接地效果和电缆的稳固。

3. 环境

满足设备的使用环境要求也是关系到设备能否正常工作及设备寿命的重要问题，使用中请一定要满足下列环境条件。

(1) 温度。

● 运行环境温度：0～40 ℃。

● 存储、运输环境温度：−20～60 ℃。

● 环境温度变化率：≤1.1 ℃/min。

● 机柜内的最大温升：≤10 ℃。

(2) 湿度。

● 环境湿度：≤75%。

● 短期(1 个月内)环境湿度：≤95%。

如果使用环境的湿度长期超过 75%，请采取防潮措施或与公司商谈解决。

(3) 大气环境。

若在粉尘、切削液、有机溶剂浓度较大或有导电粉尘的场合使用,请使用密封机柜,否则会因粉尘污染而造成系统无法正常工作,甚至损坏系统。

(4) 振动。

运行时要求环境振动的力不超过 0.5 G。

1.6 手持单元

1.6.1 2000TA 手持盒连接

1. 手持盒连接示意图

2000TA 车床系统与手持盒连接方式如图 1-36 所示。

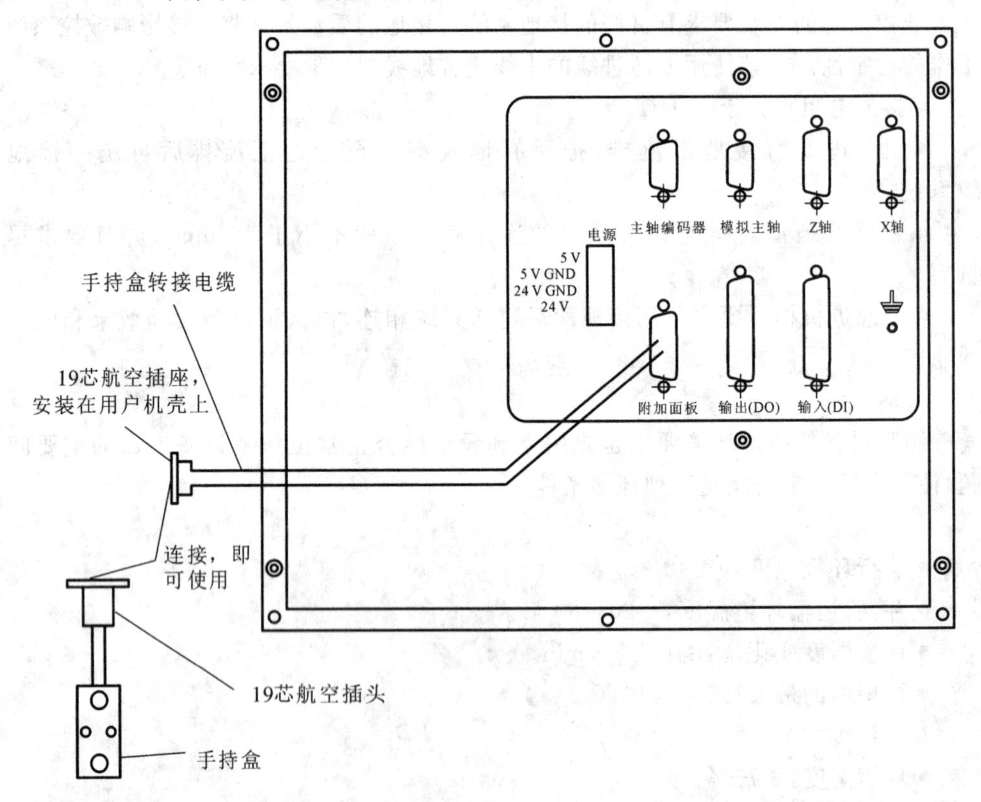

图 1-36 2000TA 车床系统与手持盒连接示意图

2. 手持盒电缆

手持盒电缆如图 1-37 所示。

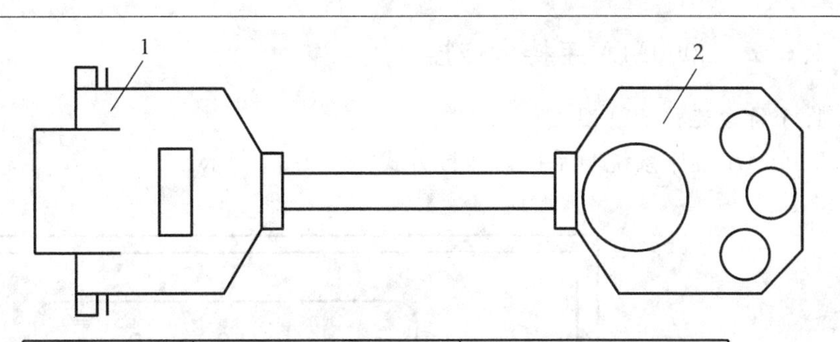

DB15 孔头	手持盒压接端子号	数控系统主机端定义
11	编码盘+	5 V
10	编码盘−	5 V 地
14	编码盘 A	
15	编码盘 A−	
13	编码盘 B	
12	编码盘 B−	
7	X	选择 X 轴
6	Z	选择 Z 轴
5	×1	当量 0.001
4	×10	当量 0.01
3	×100	当量 0.1
2	急停 NC	急停
1	COM,急停 C	24 V
壳	GND	屏蔽

2	ER230-N4XEK1G	手持盒	1	自带
1	DB-15K	15 芯针头	1	孔型
序号	代号	名称	数量	备注

图 1-37 手持盒电缆

1.6.2 2000MA 手持盒连接

1. 手持盒连接示意图

2000MA 铣床系统与手持盒连接方式如图 1-38 所示。

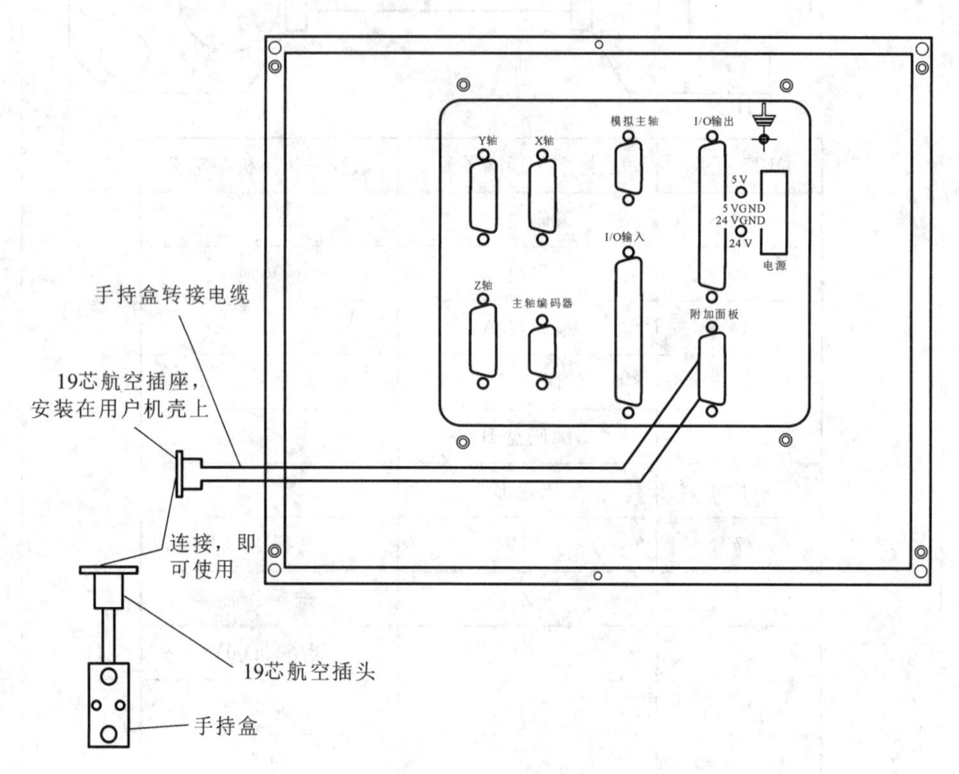

图 1-38 2000MA 铣床系统与手持盒连接示意图

2. 手持盒电缆

(1) 2000MA 手持盒电缆图 A(航插转接)如图 1-39 所示。

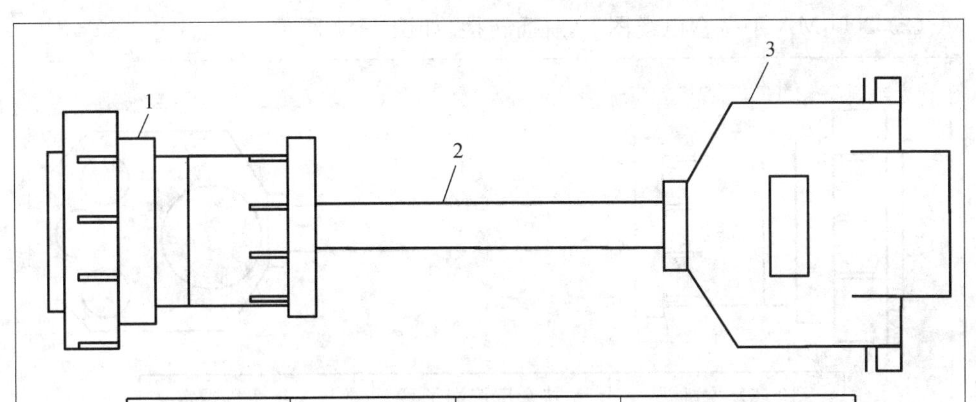

DB15 孔头	19 芯航空插头	信号定义	数控系统主机端定义
11	5	编码端＋	5 V
10	6	编码端－	5 V 地
15	1	编码端 A	
14	2	编码端 A－	
13	3	编码端 B	
12	4	编码端 B－	
9	7	X	选择 X 轴
8	8	Y	选择 Y 轴
7	9	Z	选择 Z 轴
6	10	×1	当量 0.1
5	1	×10	当量 0.01
4	12	×100	当量 0.001
3	13	急停 NC	急停
2	14	4	选择 4 轴
1	15	COM,急停	24 V
壳	19	屏蔽	屏蔽

3	DB-15K	15 芯孔头	1	
2	RVVP-8×2×0.2	16 芯屏蔽电缆	1	
1	WS24J19Z	19 芯航空插头	1	
序号	代号	名称	数量	备注

图 1-39　2000MA 手持盒电缆图 A

(2) 2000MA 手持盒电缆图 B(航插转接)如图 1-40 所示。

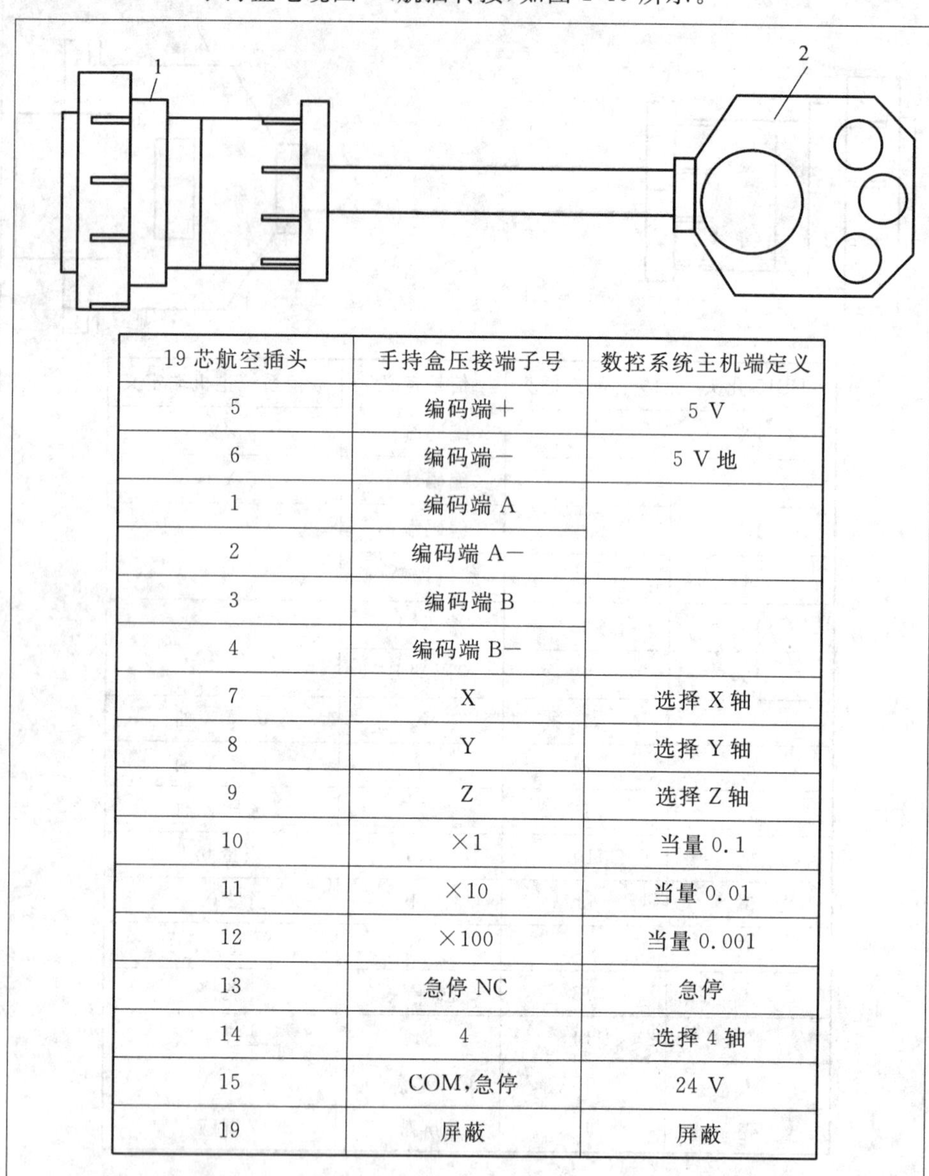

19 芯航空插头	手持盒压接端子号	数控系统主机端定义
5	编码端＋	5 V
6	编码端－	5 V 地
1	编码端 A	
2	编码端 A－	
3	编码端 B	
4	编码端 B－	
7	X	选择 X 轴
8	Y	选择 Y 轴
9	Z	选择 Z 轴
10	×1	当量 0.1
11	×10	当量 0.01
12	×100	当量 0.001
13	急停 NC	急停
14	4	选择 4 轴
15	COM,急停	24 V
19	屏蔽	屏蔽

2	ER230-N4XEK1G	手持盒	1	自带
1	WS24K19Q 头	19 芯航空插头	1	
序号	代号	名称	数量	备注

图 1-40　2000MA 手持盒电缆图 B

第2章 CASNUC 2000系列数控系统参数设置

2.1 2000系列数控单元参数设置

2.1.1 参数选择

2000MA 铣床数控系统加电后进入系统主画面，如图 2-1 所示。

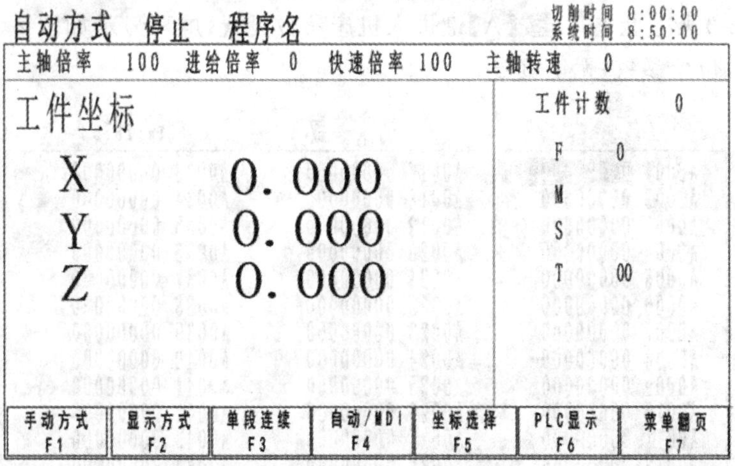

自动方式 停止 程序名 切削时间 0:00:00 系统时间 8:50:00
主轴倍率 100 进给倍率 0 快速倍率 100 主轴转速 0
工件坐标
X 0.000
Y 0.000
Z 0.000
工件计数 0
F 0
M
S
T 00
手动方式 F1 | 显示方式 F2 | 单段连续 F3 | 自动/MDI F4 | 坐标选择 F5 | PLC显示 F6 | 菜单翻页 F7

图 2-1 2000MA 主画面

在图 2-1 所示状态下，先按【F7】键，再按【F2】键进入参数设置画面，屏幕显示如图 2-2 所示，按【A】～【G】键，可分别进入相应参数区修改参数。

在图 2-2 所示的参数设置画面按【F7】键后，再按【F1】键，提示行提示“请输入密码:”，此时输入密码 901B，按【Enter】键即可。若不输入密码，则只能修改每组参数的前八项(螺补参数除外)。

密码功能可选择(关闭/开启)，详见 A 参数。

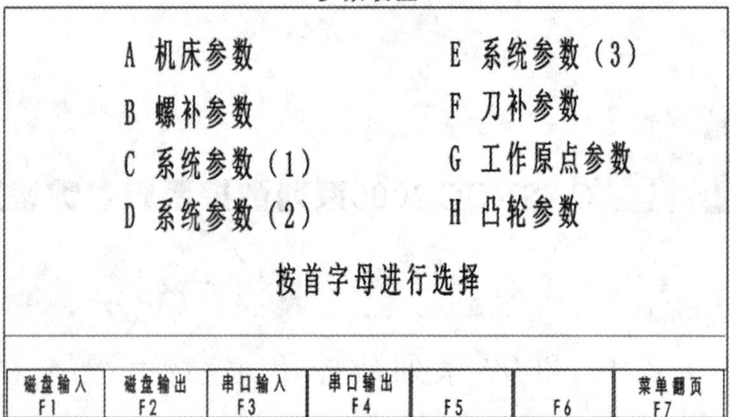

图 2-2　2000MA 参数设置画面

2.1.2　参数设置

1. 机床参数设置

在图 2-2 所示状态下，按【A】键进入机床参数设置，屏幕显示如图 2-3 所示。机床参数为 8 位位参数，无正负号。

机床参数　　14:28:56

A0001	00000000	A0017	00000000	A0033	00000000
A0002	00000000	A0018	00000000	A0034	00000000
A0003	00000000	A0019	00000000	A0035	00000000
A0004	00000000	A0020	00000000	A0036	00000000
A0005	00000000	A0021	00000000	A0037	00000000
A0006	00000000	A0022	00000000	A0038	00000000
A0007	00000000	A0023	00000000	A0039	00000000
A0008	00000000	A0024	00000000	A0040	00000000
A0009	00000000	A0025	00000000	A0041	00000000
A0010	00000000	A0026	00000000	A0042	00000000
A0011	00000000	A0027	00000000	A0043	00000000
A0012	00000000	A0028	00000000	A0044	00000000
A0013	00000000	A0029	00000000	A0045	00000000
A0014	00000000	A0030	00000000	A0046	00000000
A0015	00000000	A0031	00000000	A0047	00000000
A0016	00000000	A0032	00000000	A0048	00000000

1

图 2-3　机床参数

(1) 移动光标。按【↑】、【↓】、【←】、【→】键，可以分别向上、下、左、右移动光标；按【PgUP】、【PgDN】键，可以前、后翻页。

(2) 修改参数。例如：在图 2-3 所示状态下，将参数 A0007，改为 11110011。操作步骤如下：

① 按【↓】键移动光标到 A0007。

② 按【1】、【1】、【1】、【1】、【0】、【0】、【1】、【1】键。

③ 按【Enter】键，完成参数修改。光标自动下移到 A0008。

(3) 退出机床参数设置状态。在参数编辑画面按【ESC】键即可回到上一级画面。

(4) 参数有效性。此类参数修改后，退出生效。

2. 螺补参数设置

在图 2-2 所示状态下，按【B】键进入螺补参数设置，屏幕显示如图 2-4 所示。螺补参数输入范围是－128～127。

螺补参数

14:29:23

B0001	000	B0017	000	B0033	000
B0002	000	B0018	000	B0034	000
B0003	000	B0019	000	B0035	000
B0004	000	B0020	000	B0036	000
B0005	000	B0021	000	B0037	000
B0006	000	B0022	000	B0038	000
B0007	000	B0023	000	B0039	000
B0008	000	B0024	000	B0040	000
B0009	000	B0025	000	B0041	000
B0010	000	B0026	000	B0042	000
B0011	000	B0027	000	B0043	000
B0012	000	B0028	000	B0044	000
B0013	000	B0029	000	B0045	000
B0014	000	B0030	000	B0046	000
B0015	000	B0031	000	B0047	000
B0016	000	B0032	000	B0048	000

1

图 2-4　螺补参数

(1) 移动光标。

(2) 修改参数。

(3) 退出螺补参数设置状态。在参数编辑画面按【ESC】键即可回到上一级画面。

(4) 参数有效性。此类参数修改后，退出生效。

3. 系统参数设置

在图 2-2 所示状态下，按【C】、【D】、【E】键分别进入系统参数(1)、系统参数(2)、系统参数(3) 设置。例如：按【C】键，屏幕显示如图 2-5 所示。其中阴影部分为光标。

系统参数(1) 输入范围：0～255。

系统参数(2) 输入范围：0～65535。

系统参数(3) 输入范围：－99999.999～＋99999.999。

系统参数(1)

C0001 000	C0017 000	C0033 000
C0002 000	C0018 000	C0034 000
C0003 000	C0019 000	C0035 000
C0004 000	C0020 000	C0036 000
C0005 000	C0021 000	C0037 000
C0006 000	C0022 000	C0038 000
C0007 000	C0023 000	C0039 000
C0008 000	C0024 000	C0040 000
C0009 000	C0025 000	C0041 000
C0010 000	C0026 000	C0042 000
C0011 000	C0027 000	C0043 000
C0012 000	C0028 000	C0044 000
C0013 000	C0029 000	C0045 000
C0014 000	C0030 000	C0046 000
C0015 000	C0031 000	C0047 000
C0016 000	C0032 000	C0048 000

1

图 2-5　系统参数

（1）移动光标。

（2）修改参数。

（3）退出系统参数设置状态。在参数编辑画面按【ESC】键即可回到上一级画面。

（4）参数有效性。此类参数修改后，退回到主画面下按“复位”键生效。

4. 刀补参数设置

在图 2-2 所示状态下，按【F】键进入刀补参数设置，屏幕显示如图 2-6 所示。

刀补参数　14:28:52

F0001	21.105	F0017	0.000	F0033	0.000
F0002	0.000	F0018	0.000	F0034	0.000
F0003	0.000	F0019	0.000	F0035	0.000
F0004	0.000	F0020	0.000	F0036	0.000
F0005	0.000	F0021	0.000	F0037	0.000
F0006	0.000	F0022	0.000	F0038	0.000
F0007	0.000	F0023	0.000	F0039	0.000
F0008	0.000	F0024	0.000	F0040	0.000
F0009	0.000	F0025	0.000	F0041	0.000
F0010	0.000	F0026	0.000	F0042	0.000
F0011	0.000	F0027	0.000	F0043	0.000
F0012	0.000	F0028	0.000	F0044	0.000
F0013	0.000	F0029	0.000	F0045	0.000
F0014	0.000	F0030	0.000	F0046	0.000
F0015	0.000	F0031	0.000	F0047	0.000
F0016	0.000	F0032	0.000	F0048	0.000

1

图 2-6　刀补参数

刀补参数输入范围：－99999.999～＋99999.999。

(1) 移动光标。

(2) 修改参数。

(3) 退出刀补参数设置状态。在参数编辑画面按【ESC】键即可回到上一级画面。

(4) 参数有效性。此类参数修改后生效。

其他参数的编辑修改同上。

5.参数的输入、输出

在图 2-2 所示状态下按【F3】、【F4】键，可通过 RS232 接口进行 PC 与系统间全部参数的传输。

6.退出参数管理

在图 2-2 所示状态下，按【ESC】键退出参数管理模式，返回主画面（见图 2-1）。

2.1.3 2000TA 参数详细说明

1.2000TA 参数 A(A1～A96)

参数 A 是位参数，它由 A1～A96 共 96 个 8 位的位参数组成。其中部分参数的含义如表 2-1 所示。8 位的位参数排列顺序：每个位参数中的最低位(D0)显示在屏幕的右边，位参数中的最高位(D7) 显示在屏幕的左边，格式如下：

D7	D6	D5	D4	D3	D2	D1	D0

表 2-1 2000TA 参数 A

名称	参数位	参数含义	设置说明
A1		PLC 参数	由梯图定义
A2	D0	空运行时 S、T、M 是否执行	D0＝0：不执行； D0＝1：执行
A4	D0	自动方式倍率/手轮进给	D0＝0：自动方式倍率进给； D0＝1：自动方式手轮进给
A5	D0	文件编辑时是否自动添加 N 号	D0＝0：不自动添加 N 号； D0＝1：自动添加 N 号
A9	D0	螺距误差补偿选择	D0＝1：进行螺距误差 X 轴补偿； D2＝1：进行螺距误差 Z 轴补偿
A11	D0	电动机旋转方向选择： X 轴方向标志	D0＝0：从轴端看，电动机逆时针旋转为正转； D0＝1：从轴端看，电动机顺时针旋转为正转
	D2	电动机旋转方向选择： Z 轴方向标志	D2＝0：从轴端看，电动机逆时针旋转为正转； D2＝1：从轴端看，电动机顺时针旋转为正转
A16		螺补参数单位选择	00000000：螺补参数单位为脉冲； 11111111：螺补参数单位为 μm

续表

名称	参数位	参数含义	设置说明
A17		U盘识别的盘符	01010101:U盘设为E盘; 10101010:U盘设为D盘
A26		是否读取主轴加电时的挡位	00001111:主轴挡位在加电时读PLC的G0.0,可用于读取主轴加电时的挡位(需梯图配合)
A28		是否PLC控制主轴转速	01010101:主轴DA值送到PLC的FW14,从FW16取值送主轴DA,可用于主轴换挡时主轴抖动(需梯图配合)
A38	D1	PLC报警中文是否显示	D0=0:PLC报警中文不显示; D0=1:PLC报警中文显示(若梯图编有中文报警时)
A39		PLC参数	由梯图定义
A40		PLC参数	由梯图定义
A42	D0	外置手持盒选择	D0=0:系统面板手轮; D0=1:外置手持盒
A48	D0	显示内容选择: 选择在屏幕上显示跟踪误差还是监测到的编码器测试信号	D0=0:显示跟踪误差; D0=1:显示编码器测试信号
A51	D0	直径/半径编程选择	D0=1:半径编程; D0=0:直径编程
A57		圆弧加工大于两象限:11111111	
A58		回零挡块位置判断:11111111	
A59	D0	限位、回零开关状态选择	D0=0:"常闭"状态; D0=1:"常开"状态
A60	D0	X轴回零方向选择	D0=0:X轴正向回零; D0=1:X轴负向回零
	D2	Z轴回零方向选择	D2=0:Z轴正向回零; D2=1:Z轴负向回零

2.2000TA参数B(B1~B4096)

参数B是螺距补偿参数,由B1~B4096共4096个参数组成。在2000TA中使用了512个螺距补偿参数,每个参数都是用带符号的2位十进制数表示增量值螺补。具体参数含义如表2-2所示。

表 2-2 2000TA 参数 B

名称	用途	备注
B1～B256	X 轴螺距补偿参数	X 轴最多补偿 256 个点； 设置为直径编程时 X 轴误差值需乘以 2,若为半径编程则不需乘以 2
B513～B768	Z 轴螺距补偿参数	Z 轴最多补偿 256 个点

每个参数的输入范围:－99～99;

参数的单位:脉冲。

$$X\text{轴脉冲}=\frac{X\text{轴增量误差值}(\mu m)\times\text{参数 D9}\times 2}{\text{参数 D17}}$$

$$Z\text{轴脉冲}=\frac{Z\text{轴增量误差值}(\mu m)\times\text{参数 D11}\times 4}{\text{参数 D19}}$$

3. 2000TA 参数 C(C1～C96)

参数 C 有 C1～C96 共 96 个参数。

在 2000TA 中,仅 C5 用于 RS232 串行接口通信波特率的设定,系统默认的通信设置如下。

数据位:8 位;

停止位:1 位;

校验方式:偶校验;

查询方式:发送和接收,并采用硬件握手信号。

数控系统波特率的设置如表 2-3 所示。

表 2-3 波特率的设置

C5	波特率
1	1200 b/s
2	2400 b/s
3	4800 b/s
4	9600 b/s
5	19200 b/s
6	38400 b/s
7	57600 b/s
8	115200 b/s

4. 2000TA 参数 D(D1～D288)

参数 D 有 D1～D288 共 288 个参数,其中部分参数的含义如表 2-4 所示。

表 2-4　2000TA 参数 D

名称	参数含义	参数说明
D1	选择显示屏背景色	范围:0～6,7 种背景颜色。 填完参数,返回自动方式后,按退出键,参数有效
D2	需加工的工件数	与 M20 配合使用(需梯图配合使用)。 在全自动方式下执行到 M20 时,若工件计数值到设定值则向下执行加工程序,否则从头执行,工件计数值加 1; 在半自动方式下执行到 M20 时向下执行加工程序; 自动方式下按【P】键可清零工件计数值,系统断电后工件计数值清零
D5	自动添加 N 号增量值	
D9	X 轴编码器线数	定义:编码器每转发出的脉冲数。 允许范围:1000～8192。 例如,电动机码盘为 2500 脉冲/转,参数填为 2500
D11	Z 轴编码器线数	同参数 D9
D12	主轴编码器线数	同参数 D9 (注:编码器与主轴 1∶1 连接)
D17	X 轴螺距	单位:μm。 定义:工作台移动距离(电动机每转)。 允许值:1000、2000、3000、4000、5000、6000、8000、10000、12000、24000、36000。 X 轴螺距:X 轴编码器转 1 圈 X 轴移动的距离
D19	Z 轴螺距	单位:μm。 定义:工作台移动距离(电动机每转); 允许值:1000、2000、3000、4000、5000、6000、8000、10000、12000、24000、36000。 Z 轴螺距:Z 轴编码器转 1 圈 Z 轴移动的距离
D25	X 轴线性螺距误差补偿	单位:μm。 范围:−80～80。 定义:用于补偿每 100 mm 可能产生的固定误差。 例如,实测 X 轴每 100 mm 多走 0.010 mm,则在 D25 中填写 65526 即(65536 − 10);实测 X 轴每 100 mm少走 0.020 mm,则在 D25 中填写 20
D27	Z 轴线性螺距误差补偿	单位:μm。 范围:−80～80。 定义:用于补偿每 100 mm 可能产生的固定误差。 例如,实测 Z 轴每 100 mm 少走 0.010 mm,则在 D27 中填写 10
D49	X 轴伺服电动机最高转速	单位:r/min,允许值:800～3000
D51	Z 轴伺服电动机最高转速	单位:r/min,允许值:800～3000

续表

名称	参数含义	参数说明
D57	X 轴增益	允许值:40～400,默认:120
D59	Z 轴增益	允许值:40～400,默认:120
D81	M41 挡主轴电动机最高转速	单位:r/min,允许值≤9999 (初次设置:在手动方式下,输出 M41,输出 S9999,输出 M03,将屏幕上显示的主轴转速填到 D81 参数处。M42、M43、M44 处参数同样处理。注意主轴以最高转速运行时的安全)
D82	M42 挡主轴电动机最高转速	
D83	M43 挡主轴电动机最高转速	
D84	M44 挡主轴电动机最高转速	
D85	M41 挡主轴电动机最低转速	单位:r/min,允许值≥0
D86	M42 挡主轴电动机最低转速	
D87	M43 挡主轴电动机最低转速	
D88	M44 挡主轴电动机最低转速	
D89	M41 挡手动主轴电动机转速	手动主轴电动机转速 单位:r/min。 定义:用操作面板上的按钮启动主轴时,主轴的转速。 范围:0～ 9999
D90	M42 挡手动主轴电动机转速	
D91	M43 挡手动主轴电动机转速	
D92	M44 挡手动主轴电动机转速	
D97	X 轴反向间隙补偿	单位:μm,允许值:0～255
D99	Z 轴反向间隙补偿	单位:μm,允许值:0～255
D146	T 代码数据格式设置	T 代码后数字的位数允许值:2 或 4(位)。 2 位:T× ×,T 后面 1 位刀号、1 位刀补; 4 位:T×× ××,T 后面 2 位刀号、2 位刀补

5. 2000TA 参数 F(F1～F288)

参数 F 有 F1～F288 共 288 个参数,其中部分参数的含义如表 2-5 所示。

表 2-5 2000TA 参数 F

名称	参数含义	参数说明
F1	图形显示范围选择	定义屏幕垂直方向的中部对应的 X 值,即 X 轴最小值。一般该值应定义为工件旋转中心坐标
F2		定义屏幕左边对应的 Z 值,即 Z 轴最小值: F2 ≤ 工件坐标 Z 向最小值
F3		定义屏幕垂直方向上下对应的 X 值,即 X 轴最大值: 工件坐标 X 向最大值 ≤ F3
F4		定义屏幕右边对应的 Z 值,即 Z 轴最大值: 工件坐标 Z 向最大值 ≤ F4
F5		显示刀具长度,F5=屏幕显示点数; 范围:0～200 点。0 表示 1 个点,可用于刀具轨迹显示

续表

名称	参数含义	参数说明
F8	G78 指令收尾距离	螺距:L。 最小增量值:0.1 L。 范围:0≤收尾距离≤12.7(L)≤螺纹总长。 注:收尾距离应小于螺纹总长,若为 0 则无收尾
F57	X 轴 G00 速度指定	单位:m/min。 根据螺距、电动机转速、伺服功率和机械可承受的速度决定
F59	Z 轴 G00 速度指定	单位:m/min。 根据螺距、电动机转速、伺服功率和机械可承受的速度决定
F65	X 轴手动速度指定	单位:m/min。 根据使用习惯、螺距、电动机转速和机械可承受的速度决定
F67	Z 轴手动速度指定	单位:m/min。 根据使用习惯、螺距、电动机转速和机械可承受的速度决定
F73	软限位:X 轴正向	单位:mm。 存储型行程限位设置,该轴回机床参考点后有效; 一旦该轴回过参考点,此参数修改后退出参数管理方式后有效。 一般设在硬限位内侧,可以起到双重保护的作用。 范围:0～99999.999
F75	软限位:Z 轴正向	单位:mm。 存储型行程限位设置,该轴回机床参考点后有效; 一旦该轴回过参考点,此参数修改后退出参数管理方式后有效。 一般设在硬限位内侧,可以起到双重保护的作用。 范围:0～99999.999
F81	软限位:X 轴负向	单位:mm。 存储型行程限位设置,该轴回机床参考点后有效; 一旦该轴回过参考点,此参数修改后退出参数管理方式后有效。 一般设在硬限位内侧,可以起到双重保护的作用。 范围:0～99999.999
F83	软限位:Z 轴负向	单位:mm。 存储型行程限位设置,该轴回机床参考点后有效; 一旦该轴回过参考点,此参数修改后退出参数管理方式后有效。 一般设在硬限位内侧,可以起到双重保护的作用。 范围:0～99999.999
F153	X 轴机床参考点坐标值	单位:mm。 注 1:X 轴回机床参考点后显示该值。 注 2:手动回参考点,设定该轴的工件坐标系。 范围:0～±99999.999
F155	Z 轴机床参考点坐标值	同 F153
F161	X 轴螺距补偿起始点	单位:mm。 注 1:本参数在 X 轴回机床参考点后有效。 注 2:本参数是 X 轴第一螺距补偿点距机床参考点的距离。 注 3:起始点为零时螺补功能无效。 范围:0 ～－99999.999

续表

名称	参数含义	参数说明
F163	Z 轴螺距补偿起始点	单位:mm 注 1:本参数在 X 轴回机床参考点后有效。 注 2:本参数是 X 轴第一螺距补偿点距机床参考点的距离。 注 3:起始点为零时螺补功能无效。 范围:0 ～－99999.999
F169	X 轴螺距补偿间隔值	单位:mm 注 1:螺补间隔值为零时螺补功能无效。 注 2:该轴回机床参考点后螺补有效。 注 3:该参数定义了自第一补偿点后面的补偿间隔。 范围:0～99999.999
F171	Z 轴螺距补偿间隔值	单位:mm 注 1:螺补间隔值为零时螺补功能无效。 注 2:该轴回机床参考点后螺补有效。 注 3:该参数定义了自第一补偿点后面的补偿间隔。 范围:0～99999.999

6. 2000TA 刀偏参数

刀偏参数用来进行刀具补偿。它分为两类,一类用来补偿刀具位置偏差,另一类用来补偿刀具形状。共 8 页,每页 12 组参数,共 96 组。

当加工程序中用 T 功能调用补偿参数时,例如:

T 代码设置成 2 位数:T33,前面的字母 T 是调用刀具功能的代码,中间的数字 3 表示换 3 号刀,后面的数字 3 表示调用 3 号刀补,本例调用 G0003 号参数对应的位置补偿值。T 代码设置成 2 位数,可调用 9 把刀、9 组刀补参数。

如果 T 代码设置成 4 位数,可调用的刀具和刀补值的范围都扩大了,如果上例中还要调用 3 号刀和 3 号刀补,则应写成:T0303。

当用 G41、G42 调用刀具半径 C 补偿时,刀具半径和刀具方向与刀具位置补偿使用的是同一参数号中的刀具形状数据。

刀偏参数具体定义如表 2-6 所示。

表 2-6 2000TA 刀偏参数

参数号	补偿类型			
	刀具位置偏差补偿		刀具形状补偿	
	X 向刀偏	Z 向刀偏	刀具半径	刀具方向
	范围:±9999.999	范围:±9999.999	范围:±9999.999	范围:0～9
⋮				⋮

可通过按【U】键(或【W】键)输入刀具磨损值(正值或负值),将磨损值加到刀具位置偏差补偿值中。

在自动方式下,按【G】键可直接进入刀偏参数页面进行操作。在加工过程中,若有连续螺纹加工指令时,则不要使用【G】键修改刀偏参数。

2.1.4 2000MA 参数详细说明

1. 2000MA 参数 A(A1～A96)

参数 A 是位参数,它由 A1～A96 共 96 个 8 位的位参数组成。参数 A 按"复位"键有效。具体参数含义如表 2-7 所示。

8 位的位参数按以下顺序排列:每个位参数中的最低位(D0)显示在屏幕的右边,位参数中的最高位(D7) 显示在屏幕的左边。

D7	D6	D5	D4	D3	D2	D1	D0

表 2-7 2000MA 参数 A

名称	参数位	参数含义	设置说明
A1	D0	密码保护开关的设置	D0=1 时,密码保护关闭,不需要输入密码; D0=0 时,密码保护开启,需输入密码,否则只显示前八项参数
	D1	脉冲检测值显示设置	D1=1 时,显示脉冲检测值; D1=0 时,不显示脉冲检测值
A9	D0	X 轴螺补标志	D0=1 时,X 轴螺距补偿有效; D0=0 时,X 轴螺距补偿无效
	D1	Y 轴螺补标志	D1=1 时,Y 轴螺距补偿有效; D1=0 时,Y 轴螺距补偿无效
	D2	Z 轴螺补标志	D2=1 时,Z 轴螺距补偿有效; D2=0 时,Z 轴螺距补偿无效
A11	D0	X 轴方向标志	D0=1 时,X 轴正向运动时,电动机顺时针旋转(从轴端看); D0=0 时,X 轴正向运动时,电动机逆时针旋转(从轴端看)
	D1	Y 轴方向标志	D1=1 时,Y 轴正向运动时,电动机顺时针旋转(从轴端看); D1=0 时,Y 轴正向运动时,电动机逆时针旋转(从轴端看)
	D2	Z 轴方向标志	D2=1 时,Z 轴正向运动时,电动机顺时针旋转(从轴端看); D2=0 时,Z 轴正向运动时,电动机逆时针旋转(从轴端看)

续表

名称	参数位	参数含义	设置说明
A12	D0	系统上电时是 G01 状态还是 G00 状态	D0=1 时，电源接通时，为 G01 状态； D0=0 时，电源接通时，为 G00 状态
	D6	刀具长度补偿指定	D6=1 时，刀具长度补偿轴为当前程序段指定的坐标轴（刀具长度补偿轴为当前程序段需移动的坐标轴，不能指定两个以上的坐标轴）
	D7	刀具长度补偿与 G17、G18、G19 的关系	D6=0，D7=1 时，刀具长度补偿轴为垂直于平面(G17、G18、G19)的轴； D6=0，D7=0 时，刀具长度补偿轴为 Z 轴，与指定平面无关
A13	D0	X 轴螺补方式	D0=1 时，X 轴螺补为绝对螺补方式； D0=0 时，X 轴螺补为增量螺补方式
	D1	Y 轴螺补方式	D1=1 时，Y 轴螺补为绝对螺补方式； D1=0 时，Y 轴螺补为增量螺补方式
	D2	Z 轴螺补方式	D2=1 时，Z 轴螺补为绝对螺补方式； D2=0 时，Z 轴螺补为增量螺补方式
A16	D0	X 轴断线报警屏蔽	D0=1 时，X 轴伺服码盘断线时，不报警； D0=0 时，X 轴伺服码盘断线时，报警
	D1	Y 轴断线报警屏蔽	D1=1 时，Y 轴伺服码盘断线时，不报警； D1=0 时，Y 轴伺服码盘断线时，报警
	D2	Z 轴断线报警屏蔽	D2=1 时，Z 轴伺服码盘断线时，不报警； D2=0 时，Z 轴伺服码盘断线时，报警
A17	D0	X 轴伺服使能屏蔽	D0=1 时，X 轴伺服未就绪时，不报警； D0=0 时，X 轴伺服未就绪时，报警
	D1	Y 轴伺服使能屏蔽	D1=1 时，Y 轴伺服未就绪时，不报警； D1=0 时，Y 轴伺服未就绪时，报警
	D2	Z 轴伺服使能屏蔽	D2=1 时，Z 轴伺服未就绪时，不报警； D2=0 时，Z 轴伺服未就绪时，报警
A27	D0～D7	C 刀补报警屏蔽参数	A27=11111111 时，屏蔽 C 刀补过切削报警； A27=00000000 时，C 刀补计算中出现过切削，报警
A28	D0	C 刀补建立是否进行过切削判断	D0=0 时，C 刀补建立不进行过切削判断，垂直于下一段程序建立刀补； D0=1 时，C 刀补建立进行过切削判断
	D1	I、J、K 的编程模式	D1 =0，I、J、K 在 G90 方式下为绝对值编程，在 G91 方式下为相对值编程； D1=1，I、J、K 始终为相对值编程
A29	D0	X 轴单、双向螺补标志	D0=0 时，X 轴为单向螺补； D0=1 时，X 轴为双向螺补
	D1	Y 轴单、双向螺补标志	D1=0 时，Y 轴为单向螺补； D1=1 时，Y 轴为双向螺补
	D2	Z 轴单、双向螺补标志	D2=0 时，Z 轴为单向螺补； D2=1 时，Z 轴为双向螺补

续表

名称	参数位	参数含义	设置说明
A30	D0	手动回零方式选择	D0=1 时,快速回零; D0=0 时,一般回零
A31	D6	刀具长度补偿取消方式选择	D6=0 时,上电或复位及重新检索程序时,清除长度补偿; D6=1 时,上电或复位及重新检索程序时,不清除长度补偿
A32	D0～D1	X 轴行程限位方式	D1=0 和 D0=0 时,X 轴行程限位为两个(正向、负向两个限位点); D1=1 和 D0=1 时,X 轴行程限位为一个(不分正向、负向,一个限位点)
	D2～D3	Y 轴行程限位方式	D3=0 和 D2=0 时,Y 轴行程限位为两个(正向、负向两个限位点); D3=1 和 D2=1 时,Y 轴行程限位为一个(不分正向、负向,一个限位点)
	D4～D5	Z 轴行程限位方式	D5=0 和 D4=0 时,Z 轴行程限位为两个(正向、负向两个限位点); D5=1 和 D4=1 时,Z 轴行程限位为一个(不分正向、负向,一个限位点)
A33	D0	PLC 运动禁止位	D0=0 时,PLC 报警时运动禁止; D0=1 时,PLC 报警时运动不禁止
A39	D0～D7	PLC 用户自定义参数	具体含义由 PLC 程序定义
A40	D0～D7	PLC 用户自定义参数	具体含义由 PLC 程序定义
A81	D0	循环指令进给量符号设定	D0=1,进给量 Q 与 Z 值同号
A89	D0	X 轴回零方向选择	D0=1 时,X 轴负向回零; D0=0 时,X 轴正向回零
	D1	Y 轴回零方向选择	D1=1 时,Y 轴负向回零; D1=0 时,Y 轴正向回零
	D2	Z 轴回零方向选择	D2=1 时,Z 轴负向回零; D2=0 时,Z 轴正向回零
A90	D0	刚性攻丝、弹性攻丝选择	D0=0 时,为弹性攻丝; D0=1 时,为刚性攻丝
	D1	指定主轴编码器方向	主轴旋转方向与主轴编码器方向不一致时,用此参数进行调整。 D1=0 时,为正常计数; D1=1 时,为主轴编码器反向计数

续表

名称	参数位	参数含义	设置说明
A91	D0	是否判断 PLC 的主轴高低速挡	D0＝0 时，不判断 PLC 的主轴高低速挡； D0＝1 时，判断 PLC 的主轴高低速挡
A92	D0	输出的主轴电压值是否带符号	D0＝0 时，输出的主轴电压值没符号，主轴的正反转根据 PLC 送出的正反转的使能信号决定； D0＝1 时，输出的主轴电压值的符号根据 PLC 送回系统的主轴旋转方向决定。主轴正向旋转输出的主轴电压值为正值，主轴反向旋转输出的主轴电压值为负值，主轴停止输出的主轴电压值为零
A94	D0	手持器方式标志	D0＝0 时，手轮方式有效； D0＝1 时，手持器方式有效

2. 2000MA 参数 B(B1～B2048)

参数 B 为螺距补偿参数，输入范围为－128～127，单位为 μm，每轴 256 点。系统重新上电有效，不使用的参数一律填"0"。具体参数含义如表 2-8 所示。

表 2-8 2000MA 参数 B

名 称	用 途	备 注
B1～B256	X 轴螺距补偿参数	当为双向螺距补偿时，对应负向运动
B1025～B1280		当为双向螺距补偿时，对应正向运动
B257～B512	Y 轴螺距补偿参数	当为双向螺距补偿时，对应负向运动
B1281～B1536		当为双向螺距补偿时，对应正向运动
B513～B768	Z 轴螺距补偿参数	当为双向螺距补偿时，对应负向运动
B1537～B1792		当为双向螺距补偿时，对应正向运动
B769～B1024	4 轴螺距补偿参数	当为双向螺距补偿时，对应负向运动
B1793～B2048		当为双向螺距补偿时，对应正向运动

3. 2000MA 参数 C(C1～C96)

参数 C 有 C1～C96 共 96 个参数，参数 C 更改立即有效，具体参数含义如表 2-9 所示。

表 2-9 2000MA 参数 C

名称	参数含义	设置说明
C1	X 轴图形缩放参数	C1＝1～99 时，X 轴的图形显示放大至原来的 C1 倍； C1＝101～127 时，X 轴的图形显示缩小至原来的 1/(C1－100)； C1＝101，100，000，001 时，X 轴的图形显示比例为 1∶1； 例如 C1＝102，则图形显示缩小至原来的 1/2

续表

名称	参数含义	设置说明
C2	Y轴图形缩放参数	C2＝1～99时，Y轴的图形显示放大至原来的C2倍； C2＝101～127时，Y轴的图形显示缩小至原来的1/(C2－100)； C2＝101，100，000，001时，Y轴的图形显示比例为1∶1
C3	Z轴图形缩放参数	C3＝1～99时，Z轴的图形显示放大至原来的C3倍； C3＝101～127时，Z轴的图形显示缩小至原来的1/(C3－100)； C3＝101，100，000，001时，Z轴的图形显示比例为1∶1
C4	图形显示方式	C4＝17时，在图形方式下，显示G17平面； C4＝18时，在图形方式下，显示G18平面； C4＝19时，在图形方式下，显示G19平面； C4＝3时，在图形方式下，显示X，Y，Z的三维图形； C4等于其他值时，在图形方式下，同时显示G17平面、G18平面、G19平面、三维图形
C5	RS232接口波特率参数	C5＝1，波特率1200 b/s； C5＝2，波特率2400 b/s； C5＝3，波特率4800 b/s； C5＝4，波特率9600 b/s； C5＝5，波特率19200 b/s； C5＝6，波特率38400 b/s； C5＝7，波特率57600 b/s； 当C5不等于上述值时，系统默认波特率为1200 b/s
C6	设定U盘盘符	C6＝0时，U盘的盘符为A盘；C6＝1时，U盘的盘符为B盘； C6＝2时，U盘的盘符为C盘；C6＝3时，U盘的盘符为D盘； C6＝4时，U盘的盘符为E盘；C6＝5时，U盘的盘符为F盘； 当C6不等于上述值时，系统默认D盘

4．2000MA参数D(D1～D288)

参数D均为十进制数值，不使用的参数一律填“0”。参数D按“复位”键有效，具体参数含义如表2-10所示。

表2-10　2000MA参数D

名称	参数含义	参数说明
D2	G73钻孔循环回程值	单位：mm
D3	G83钻孔循环切削起点	单位：mm
D9	X轴编码器线数	电动机旋转一圈编码器输出的脉冲数
D10	Y轴编码器线数	电动机旋转一圈编码器输出的脉冲数
D11	Z轴编码器线数	电动机旋转一圈编码器输出的脉冲数
D12	主轴编码器线数	电动机旋转一圈编码器输出的脉冲数

续表

名称	参数含义	参数说明
D17	X轴螺距	单位:μm,螺距为伺服电动机旋转一圈机床对应轴移动的距离
D18	Y轴螺距	单位:μm,螺距为伺服电动机旋转一圈机床对应轴移动的距离
D19	Z轴螺距	单位:μm,螺距为伺服电动机旋转一圈机床对应轴移动的距离
D41	X轴电动机转速限制	单位:r/min,根据伺服电动机的转速及用户的要求确定。当电动机的实际转速超过此参数的设置值时,系统报警
D42	Y轴电动机转速限制	单位:r/min,根据伺服电动机的转速及用户的要求确定。当电动机的实际转速超过此参数的设置值时,系统报警
D43	Z轴电动机转速限制	单位:r/min,根据伺服电动机的转速及用户的要求确定。当电动机的实际转速超过此参数的设置值时,系统报警
D57	X轴增益	增益值应满足下面的公式: $64 \leqslant 螺距 \times \frac{增益}{1000} \leqslant 255$ 其中:$螺距 \times \frac{增益}{1000}$的推荐值为120
D58	Y轴增益	增益值应满足下面的公式: $64 \leqslant 螺距 \times \frac{增益}{1000} \leqslant 255$ 其中:$螺距 \times \frac{增益}{1000}$的推荐值为120
D59	Z轴增益	增益值应满足下面的公式: $64 \leqslant 螺距 \times \frac{增益}{1000} \leqslant 255$ 其中:$螺距 \times \frac{增益}{1000}$的推荐值为120
D81	主轴1挡最高速度	主轴1挡(M41)时10 V电压对应的最高转速
D82	主轴2挡最高速度	主轴2挡(M42)时10 V电压对应的最高转速
D83	主轴3挡最高速度	主轴3挡(M43)时10 V电压对应的最高转速
D84	主轴4挡最高速度	主轴4挡(M44)时10 V电压对应的最高转速
D97	X轴反向间隙	单位:μm
D98	Y轴反向间隙	单位:μm
D99	Z轴反向间隙	单位:μm
D105	X轴手动进给时加减速的初始速度	单位:mm/min
D106	Y轴手动进给时加减速的初始速度	单位:mm/min

续表

名称	参数含义	参数说明
D107	Z轴手动进给时加减速的初始速度	单位:mm/min
D113	X轴手动进给时加减速的加速度	单位:mm/s^2
D114	Y轴手动进给时加减速的加速度	单位:mm/s^2
D115	Z轴手动进给时加减速的加速度	单位:mm/s^2
D139	伺服上电延迟时间	单位:ms,对于上电时序为控制回路先上电,动力回路后上电的二次上电的伺服系统,D139参数必须大于伺服系统弱电上电与允许伺服高压上电的时间差。对于安川伺服D139＞1000,对于航天数控集团模拟式的伺服D139＞10
D141	F0时的速度	单位:mm/min,当零件加工程序中编程的F指令为“F0”时,系统以参数D141指定的加工速度进行加工
D142	自动方式直线加减速的初始速度	单位:mm/min
D143	自动方式直线加减速的加速度	单位:mm/s^2
D144	空运转速度	单位:mm/min,在空运转状态下,零件加工程序中的F指令无效,系统以空运转速度运行。根据螺距和电动机的转速及用户的要求确定
D145	X轴G00速度	单位:mm/min,运行G00指令时的速度,各个轴的G00速度可以不相同。根据螺距和电动机的最高转速及用户的要求确定
D146	Y轴G00速度	单位:mm/min,运行G00指令时的速度,各个轴的G00速度可以不相同。根据螺距和电动机的最高转速及用户的要求确定
D147	Z轴G00速度	单位:mm/min,运行G00指令时的速度,各个轴的G00速度可以不相同。根据螺距和电动机的最高转速及用户的要求确定

5.2000MA参数E(E1～E288)

参数E均为十进制数值,不使用的参数一律填“0”。参数E按“复位”键有效,具体参数含义如表2-11所示。

表 2-11 2000MA 参数 E

名称	参数含义	参数说明
E1	图形显示 X 轴偏移	单位:mm,范围:－99999.999～99999.999
E2	图形显示 Y 轴偏移	单位:mm,范围:－99999.999～99999.999
E3	图形显示 Z 轴偏移	单位:mm,范围:－99999.999～99999.999
E9	X 轴第二参考点距离	单位:mm,范围:－99999.999～99999.999
E10	Y 轴第二参考点距离	单位:mm,范围:－99999.999～99999.999
E11	Z 轴第二参考点距离	单位:mm,范围:－99999.999～99999.999
E17	X 轴第三参考点距离	单位:mm,范围:－99999.999～99999.999
E18	Y 轴第三参考点距离	单位:mm,范围:－99999.999～99999.999
E19	Z 轴第三参考点距离	单位:mm,范围:－99999.999～99999.999
E25	X 轴第四参考点距离	单位:mm,范围:－99999.999～99999.999
E26	Y 轴第四参考点距离	单位:mm,范围:－99999.999～99999.999
E27	Z 轴第四参考点距离	单位:mm,范围:－99999.999～99999.999
E33	X 轴定位误差值	单位:脉冲数(小数点无效),G00 等定位指令中,用于进行到位判断。参数范围:500～5000
E34	Y 轴定位误差值	同 E33
E35	Z 轴定位误差值	同 E33
E41	X 轴静态误差值	单位:脉冲数(小数点无效),G01 等切削指令中,用于进行到位判断。参数范围:500～5000
E42	Y 轴静态误差值	同 E41
E43	Z 轴静态误差值	同 E41
E49	X 轴跟踪误差最大值	单位:脉冲数(小数点无效),当电动机运动时的跟踪误差超过此参数的设置值时,系统报警“跟踪误差过大”。跟踪误差最大值的设置应满足下述条件: 20000＜跟踪误差 ＜32767 此参数复位有效。当该参数过小时,易发生“跟踪误差过大”报警,一般可通过增大该参数值来解决
E50	Y 轴跟踪误差最大值	同 E49
E51	Z 轴跟踪误差最大值	同 E49
E65	X 轴手动速度	单位:mm/min,手动连续和手动回零时机床的移动速度,各个轴的手动速度可以不相同。根据螺距和电动机的转速及用户的要求确定
E66	Y 轴手动速度	同 E65
E67	Z 轴手动速度	同 E65
E73	X 轴的负向软限位	单位:mm,输入范围为－99999.999～0
E74	Y 轴的负向软限位	单位:mm,输入范围为－99999.999～0

续表

名称	参数含义	参数说明
E75	Z轴的负向软限位	单位:mm,输入范围为－99999.999～0
E81	X轴的正向软限位	单位:mm,输入范围为0～99999.999
E82	Y轴的正向软限位	单位:mm,输入范围为0～99999.999
E83	Z轴的正向软限位	单位:mm,输入范围为0～99999.999
E89	X轴的回零栅格偏移	单位:mm,通过此参数可以调整机床参考点的位置。此参数不应过大,以免影响回零效率。当需调整的机床参考点位置较大时,应调节回零减速挡块的位置。 参数范围:－99999.999～99999.999
E90	Y轴的回零栅格偏移	同E89
E91	Z轴的回零栅格偏移	同E89
E97	最大进给速度	单位:mm/min
E99	加电后自动方式隐含切削速度	单位:mm/min,当零件加工程序中未输入F指令时,系统以参数E99指定的加工速度进行加工
E153	X轴回转轴回零值	单位:mm,当E153＝0时,对应轴为直线轴; 当E153≠0时,对应轴为旋转轴。此参数仅用于机床坐标的显示控制,当机床坐标显示值的绝对值等于该参数时,显示值返回到“0”重新计数
E154	Y轴回转轴回零值	同E153
E155	Z轴回转轴回零值	同E153
E161	X轴螺距补偿零点	单位:mm,输入范围为－99999.999～0,螺距补偿零点是第一螺补点距回零点的距离
E162	Y轴螺距补偿零点	同E161
E163	Z轴螺距补偿零点	同E161
E169	X轴螺补间隔值	单位:mm,输入范围为0～99999.999,螺补间隔值为两个螺补点之间的距离;螺补间隔值等于零时,螺补功能无效
E170	Y轴螺补间隔值	同E169
E171	Z轴螺补间隔值	同E169
E177	X轴回零速度1	单位:mm/min,参数对应轴在回零动作时碰到回零挡块时的速度
E178	Y轴回零速度1	同E177
E179	Z轴回零速度1	同E177
E185	X轴回零速度2	单位:mm/min,参数对应轴在回零动作时出回零挡块时的速度
E186	Y轴回零速度2	同E185
E187	Z轴回零速度2	同E185

6.2000MA 参数 G(G1～G48)

参数G对应G54～G59工件坐标系设定值，为浮点型参数，不使用的参数一律填"0"。参数G按"复位"键有效，具体参数含义如表2-12所示。

表 2-12 2000MA 参数 G

名称	参数含义	参数说明
G1	用于设定G54工件坐标系的X轴偏移量	单位:mm, 设定范围:－99999.999～99999.999
G2	用于设定G54工件坐标系的Y轴偏移量	同G1
G3	用于设定G54工件坐标系的Z轴偏移量	同G1
G9	用于设定G55工件坐标系的X轴偏移量	单位:mm, 设定范围:－99999.999～99999.999
G10	用于设定G55工件坐标系的Y轴偏移量	同G9
G11	用于设定G55工件坐标系的Z轴偏移量	同G9
G17	用于设定G56工件坐标系的X轴偏移量	单位:mm, 设定范围:－99999.999～99999.999
G18	用于设定G56工件坐标系的Y轴偏移量	同G17
G19	用于设定G56工件坐标系的Z轴偏移量	同G17
G25	用于设定G57工件坐标系的X轴偏移量	单位:mm, 设定范围:－99999.999～99999.999
G26	用于设定G57工件坐标系的Y轴偏移量	同G25
G27	用于设定G57工件坐标系的Z轴偏移量	同G25
G33	用于设定G58工件坐标系的X轴偏移量	单位:mm, 设定范围:－99999.999～99999.999
G34	用于设定G58工件坐标系的Y轴偏移量	同G33
G35	用于设定G58工件坐标系的Z轴偏移量	同G33
G41	用于设定G59工件坐标系的X轴偏移量	单位:mm, 设定范围:－99999.999～99999.999
G42	用于设定G59工件坐标系的Y轴偏移量	同G41
G43	用于设定G59工件坐标系的Z轴偏移量	同G41

2.2 进给伺服驱动单元参数设置

2.2.1 概述

驱动器面板由6个LED数码管显示器和4个按键【↑】、【↓】、【←】、【Enter】组成，用来显示系统各种状态、设置参数等。操作是分层操作，由主菜单逐层展开。六位LED数码管显示系统各种状态及数据，全部数码管或最右边数码管的小数点闪烁时，表示有报警发生。驱动器面板按键说明如表2-13所示。

表2-13 驱动器面板按键说明

符号	名称	功能
↑	增加键	增加序号或数值，长按具有重复效果
↓	减小键	减小序号或数值，长按具有重复效果
←	返回键	返回上一层操作菜单，或操作取消
Enter	确认键	进入下一层操作菜单，或输入确认

2.2.2 主菜单

操作按多层操作菜单执行，第一层为主菜单，包括8种操作方式，主菜单方式选择操作框图如图2-7所示。用【↑】、【↓】键改变方式，按【Enter】键进入第二层，按【←】键从第二层退回主菜单。

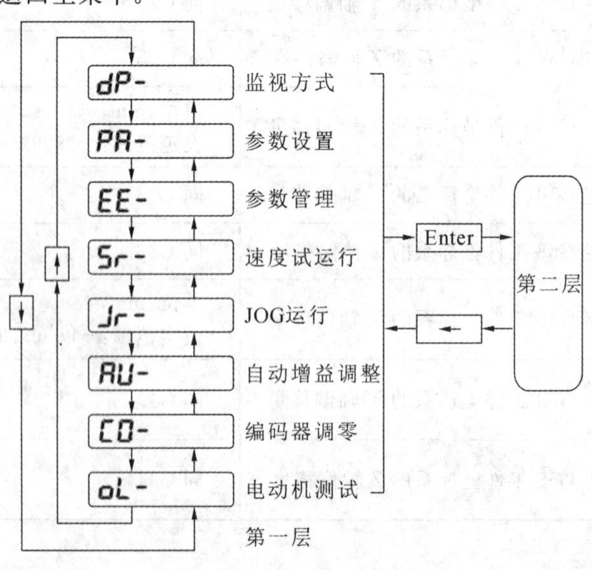

图2-7 方式选择操作框图

2.2.3 状态监视

在主菜单中选择“dP-”,并按【Enter】键进入监视方式界面。共有 21 种显示状态,监视方式操作框图如图 2-8 所示。用户用【↑】、【↓】键选择需要的显示模式,再按【Enter】键,即可进入具体显示状态。

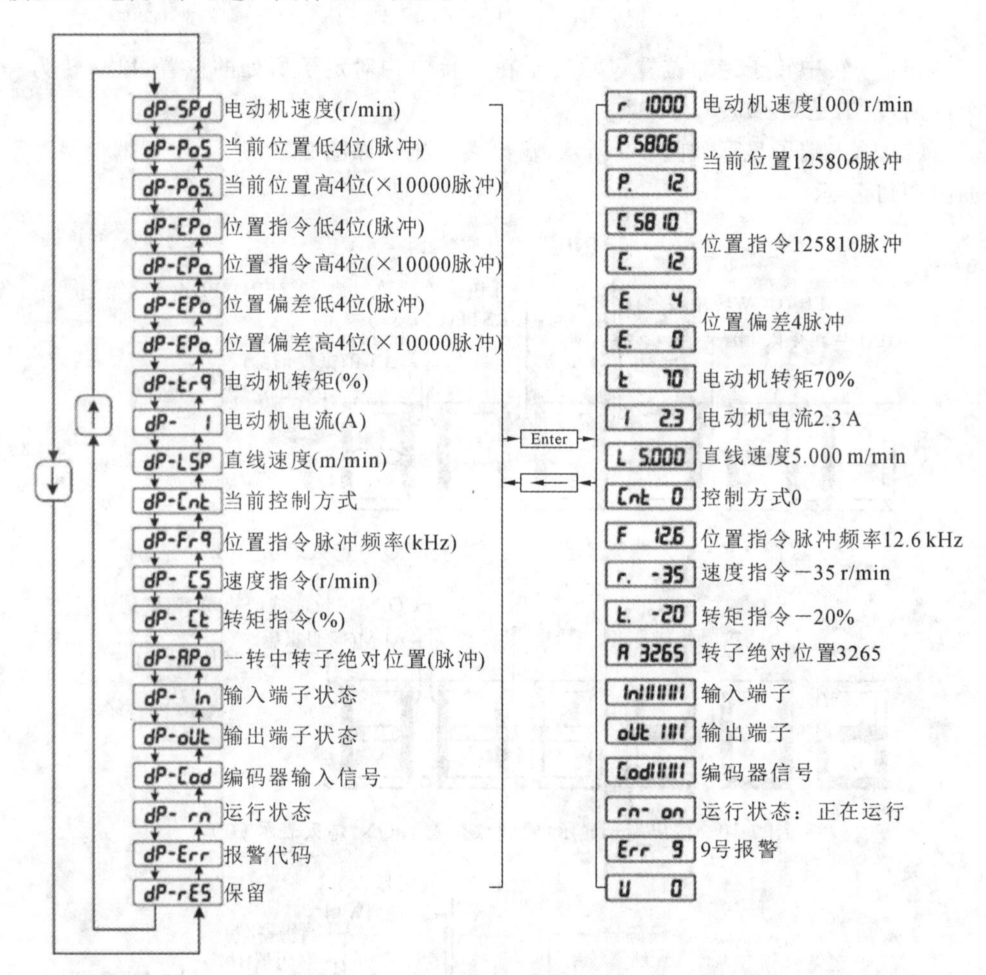

图 2-8 监视方式操作框图

(1) 位置脉冲与指令脉冲均为经过输入电子齿轮放大后的数值。

(2) 脉冲量单位是系统内部脉冲单位,在本系统中为 10000 脉冲/转。脉冲量用高 4 位和低 4 位表示,计算方法为:

$$脉冲量=高4位数值\times10000+低4位数值$$

(3) 控制方式:0——位置控制;1——速度控制;2——速度试运行;3——JOG 运

行；4——编码器调零；5——电动机测试。

（4）位置指令脉冲频率是在输入电子齿轮放大之前实际的脉冲频率，最小单位为 0.1 kHz，正向显示正数，反向显示负数。

（5）电动机电流 I 的计算方法是

$$I=\sqrt{\frac{2}{3}(I_U^2+I_V^2+I_W^2)}$$

（6）一转中转子绝对位置表示转子在一转中相对定子所处的位置，以一转为一个周期，范围是 0～9999。

（7）输入端子显示如图 2-9 所示，输出端子显示如图 2-10 所示，编码器信号显示如图 2-11 所示。

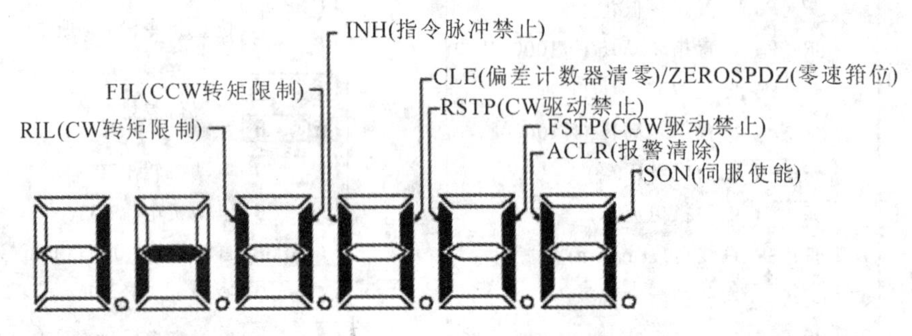

图 2-9　输入端子显示（笔画点亮表示 ON，熄灭表示 OFF）

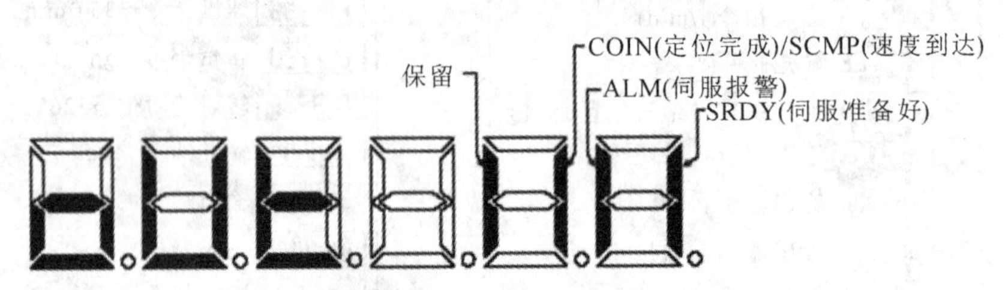

图 2-10　输出端子显示（笔画点亮表示 ON，熄灭表示 OFF）

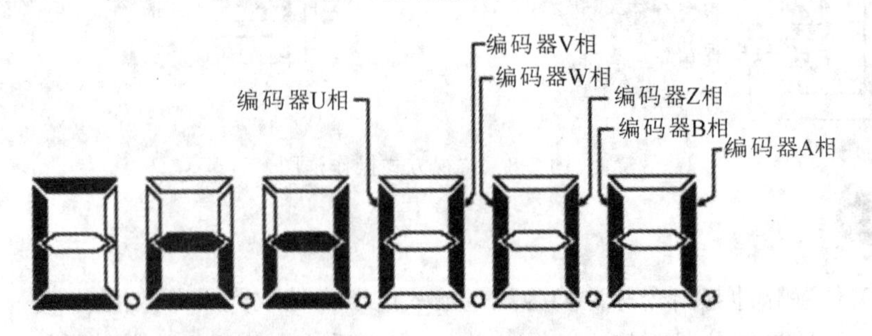

图 2-11　编码器信号显示（笔画点亮表示 ON，熄灭表示 OFF）

（8）运行状态的显示及含义如下。

- "rn-oFF"：主电路未充电，伺服系统没有运行。
- "rn-CH"：主电路已充电，伺服系统没有运行（伺服没有使能或存在报警）。

● “rn-on”:主电路已充电,伺服系统正在运行。

(9) 报警显示“Err—”表示正常,无报警。

2.2.4 参数设置

在主菜单中选择“PA-”,并按【Enter】键进入参数设置界面。参数设置操作框图如图 2-12 所示。用【↑】、【↓】键选择参数号,按【Enter】键,显示该参数的数值,用【↑】、【↓】键可以修改参数值。按【↑】或【↓】键一次,参数值增加或减少 1,长按【↑】或【↓】键,参数值能连续增加或减少。参数值被修改时,最右边的 LED 数码管小数点点亮,按【Enter】键确定修改数值有效,此时最右边的 LED 数码管小数点熄灭,修改后的数值将立刻反映到控制中(部分参数需要保存后重新上电才能起作用)。此后按【↑】或【↓】键还可以继续修改参数,修改完毕按【←】键退回到参数选择状态。如果对正在修改的数值不满意,则不要按【Enter】键确定,可按【←】键取消,参数恢复原值,并退回到参数选择状态。

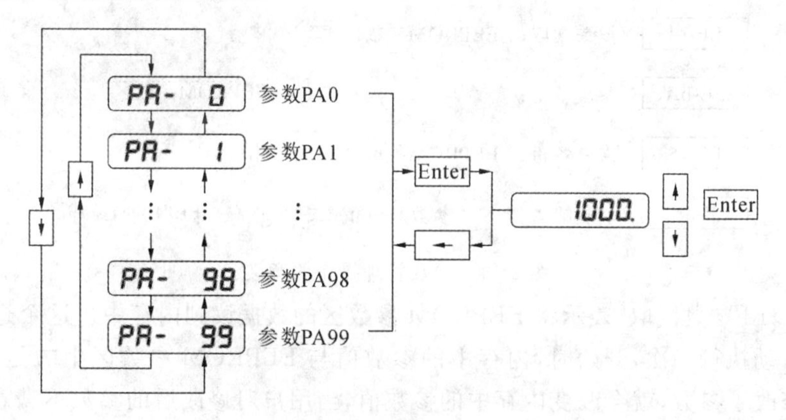

图 2-12 参数设置操作框图

修改后的参数并未保存到 EEPROM 中,若要永久保存,应使用参数管理中的参数写入操作。

2.2.5 参数管理

参数管理主要处理内存和 EEPROM 之间的操作,在主菜单下选择“EE-”,并按【Enter】键就进入参数管理界面,参数管理操作框图如图 2-13 所示,参数管理操作的意义如图 2-14 所示。在参数管理界面可选择操作模式,共有 5 种模式,用【↑】、【↓】键来选择。

● EE-SEt 参数写入,表示将内存中的参数写入 EEPROM 参数区。用户修改参数,仅使内存中参数值改变,下次上电又会恢复成原来的数值。如果想永久改变参数值,就需要执行参数写入操作,将内存中的参数写入 EEPROM 参数区中,再上电系统就会使用修改后的参数。

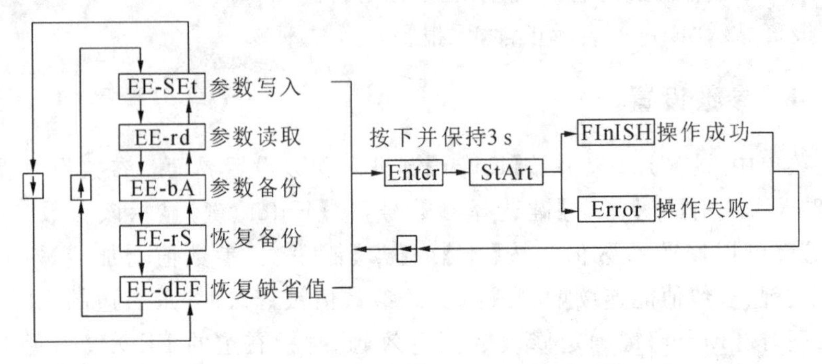

图 2-13 参数管理操作框图

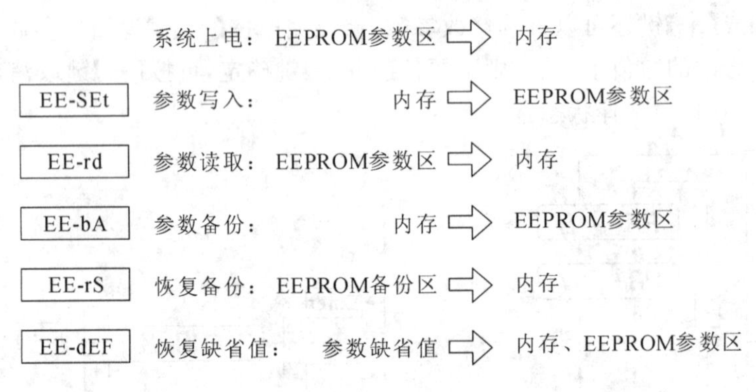

图 2-14 参数管理操作的意义

- EE-rd 参数读取，表示将 EEPROM 参数区的数据读到内存中。这个过程在上电时会自动执行一次，开始时，内存中的参数值与 EEPROM 参数区中的是一样的。但用户修改了参数，就会改变内存中的参数值，当用户对修改后的参数不满意或参数被调乱时，执行参数读取操作，可将 EEPROM 参数区中的数据再次读到内存中，恢复成刚上电时的参数值。

- EE-bA 参数备份，表示将内存中的参数写入 EEPROM 的备份区。整个 EEPROM 分成参数区和备份区两个区域，可以存储两套参数。系统上电、参数写入和参数读取操作使用 EEPROM 的参数区，而参数备份和恢复备份则使用 EEPROM 的备份区。在参数设置过程中，如果用户对一组参数比较满意，但还想继续修改，可以先执行参数备份操作，保存内存参数到 EEPROM 的备份区，然后再修改参数，如果效果变差，可以用恢复备份操作，将上次保存在 EEPROM 备份区的参数读到内存中，然后进行再次修改或结束。另外，当用户设置好参数后，可以执行参数写入和参数备份两个操作，使 EEPROM 的参数区和备份区的数据完全一样，那么万一以后参数不慎被修改，还可以启用恢复备份操作，将 EEPROM 备份区的数据读到内存中，再用参数写入操作，将内存参数写入 EEPROM 的参数区中。

- EE-rS 恢复备份，表示将 EEPROM 备份区的数据读到内存中。注意，这个操作没有执行参数写入操作，下次上电时还是EEPROM参数区中的数据被读到内存中。如果用户想永久使用EEPROM备份区的参数，还需要在恢复备份操作后执行一次参数写入操作。

● EE-dEF恢复缺省值，表示将所有参数的缺省值（出厂值）读到内存中，并写入到EEPROM的参数区中，下次上电时将使用缺省参数。当用户将参数调乱，使驱动器无法正常工作时，使用这个操作，可将所有参数恢复成出厂状态。因为不同的驱动器型号对应的参数缺省值不同，在进行恢复缺省值操作前，必须先保证驱动器型号（参数PA1）的正确性。

2.2.6 速度试运行

在主菜单下选择“Sr-”，并按【Enter】键进入速度试运行界面。速度试运行提示符为“S”，数值单位是r/min，系统处于速度控制方式，速度指令由按键提供，用【↑】、【↓】键可以改变速度指令，使电动机按给定的速度运行。【↑】键控制速度正向增加，【↓】键控制速度正向减小（反向增加），如图2-15所示。显示速度为正值时，电动机正转；显示速度为负值时，电动机反转。

图2-15 速度试运行操作框图

2.2.7 电动机测试

在主菜单下选择“oL-”，并按【Enter】键进入电动机测试界面。电动机测试提示符为“r”，数值单位是r/min，系统处于位置控制方式，位置限制值为268435456个脉冲，速度由参数PA24设置。进入电动机测试操作界面后，按下【Enter】键并保持2 s，电动机按测试速度运行；按下【←】键并保持2 s，电动机停转，保持零速；再按下【←】键，则断开使能，退出电动机测试界面。

2.2.8 参数缺省值恢复

在发生以下情况时，应使用恢复缺省参数（出厂参数）功能。

● 参数被调乱，驱动器无法正常工作。

● 更换电动机，新电动机与原配电动机型号不同。

● 其他原因造成驱动器型号代码（参数PA1）与电动机型号不匹配。

恢复缺省参数的步骤如下：

（1）检查驱动器型号代码（参数PA1）是否正确，若正确则执行步骤（4），若不正确则从步骤（2）开始执行。

（2）修改密码（参数PA0）为398。

（3）修改驱动器型号代码（参数PA1）为需要的电动机型号代码。驱动器代码参见电动机适配表。

（4）进入参数管理界面，执行恢复缺省值操作。

(5) 关闭电源,再次上电即可。

2.2.9 参数详细说明

进给伺服驱动单元的参数详细说明如表 2-14 所示。

表 2-14 参数详细说明

序号	名 称	修改密码	参数范围	出厂值	单位
0	密码	*	1～9999	318	
1	驱动器型号	*	1～100	35	
2	软件版本	*			
3	初始显示状态	318	0～20	0	
4	控制方式选择	*	0～5	0	
5	速度比例增益	318	1～350	*	Hz
6	速度积分时间常数	318	1～5000	*	
7	速度调节器输入限幅	318	1～500	50	
8	速度检测低通滤波器常数	318	1～500	*	
9	位置比例增益	318	1～500	100	1/s
10	磁极位置零点偏置	318	1～1024	0	
11	速度指令低通滤波器常数	318	1～1000	*	
12	位置指令脉冲分频分子	318	1～9999	1	
13	位置指令脉冲分频分母	318	1～9999	1	
14	备用				
15	位置指令脉冲方向设定	318	0～1	0	
16	定位完成范围	318	1～5000	8	脉冲
17	位置超差检测范围	318	0～1000000	20000	脉冲
18	位置超差错误检测	318	0～2	0	
19	备用	*			
20	备用	*			
21	JOG 运行速度	*	－3000～＋3000	200	r/min
22	电流积分时间常数	*	0～1000	*	ms
23	最高速度限制	318	0～5000	*	r/min
24	电动机测试转速设置	*	－3000～＋3000	100	r/min
25	模拟速度指令低通滤波器	318	0～300	10	
26	模拟速度指令零偏补偿	318	－3000～＋3000	0	
27	模拟速度指令增益	318	1～300	200	
28	模拟速度指令方向设定	318	0～1	1	
29	电流比例增益	*	0～9999	*	
30	备用	*			
31	备用	*			
32	备用	*			
33	过负载限制	*	0～1000	*	
34	内部转矩限制	*	0～1000	*	%
35	实际带载能力	*	－1000～0	*	%
36	电流指令低通滤波器截止频率	*	1～3000	*	Hz

第3章 航天数控系统机床电气控制电路设计实例

3.1 数控车床电气控制电路典型设计举例

3.1.1 强电示意图

数控车床电气控制电路的强电示意图如图 3-1 和图 3-2 所示。

3.1.2 2000TA 车床输入输出开关量定义

(1) 2000TA 车床 I/O 转接板输入信号接线示意图如图 3-3 所示。
(2) 2000TA 车床 I/O 转接板输出信号接线示意图如图 3-4 所示。

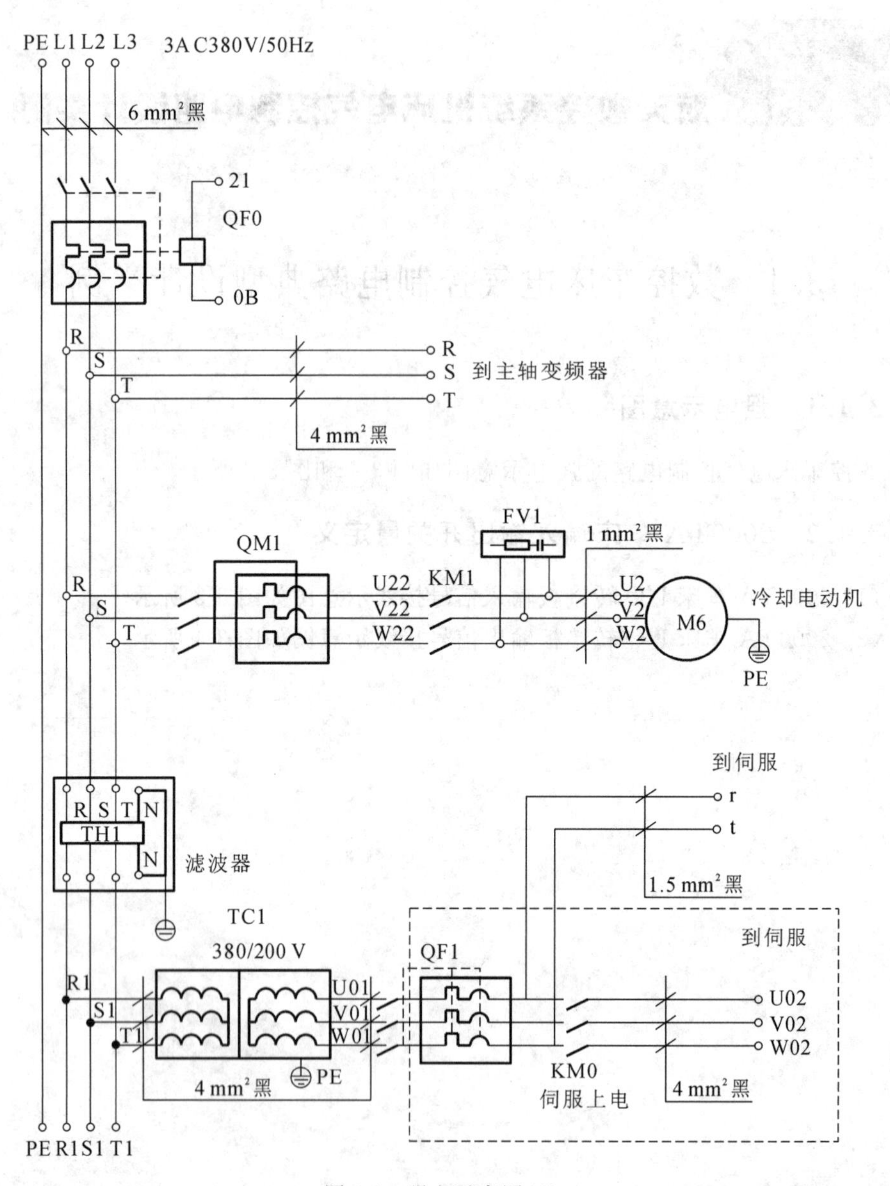
PE L1 L2 L3
3A C380V/50Hz
6 mm² 黑
21
QF0
0B
R
S
T
R
S 到主轴变频器
T
4 mm² 黑
FV1
1 mm² 黑
QM1
U22
V22
W22
KM1
U2
V2
W2
M6
冷却电动机
PE
到伺服
r
t
1.5 mm² 黑
R S T N
TH1
N
滤波器
TC1
380/200 V
到伺服
QF1
R1
S1
T1
U01
V01
W01
PE
4 mm² 黑
U02
V02
W02
KM0
伺服上电
4 mm² 黑
PE R1 S1 T1

图 3-1　强电示意图(1)

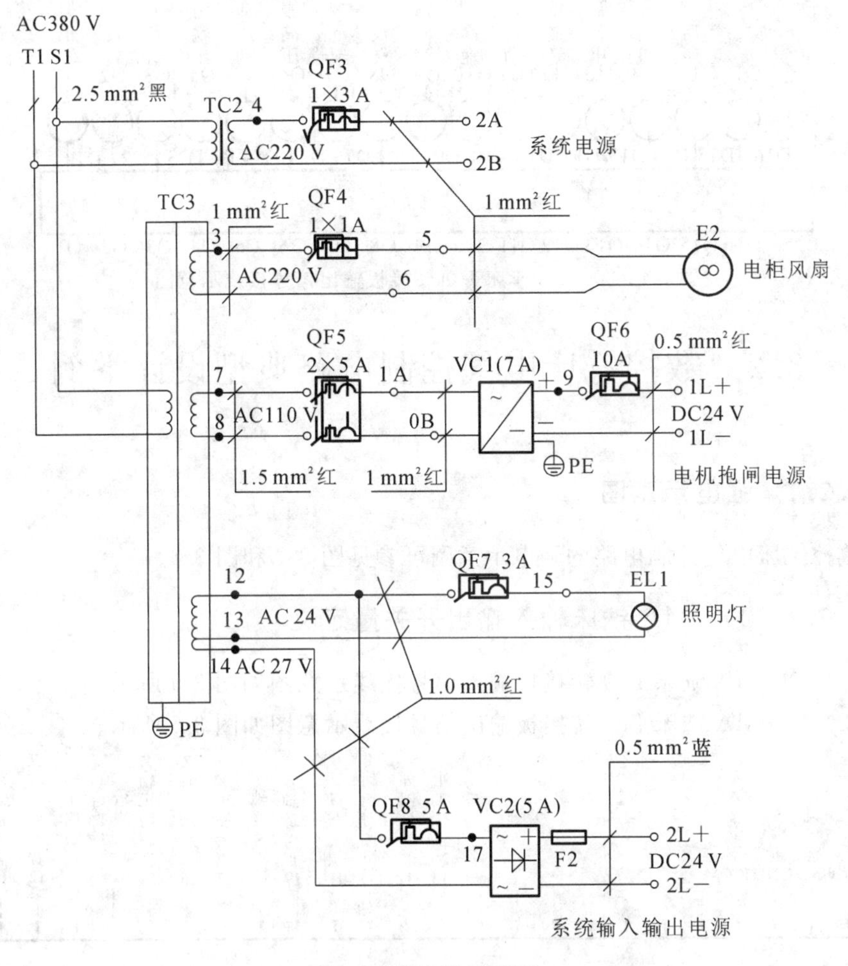

图 3-2　强电示意图(2)

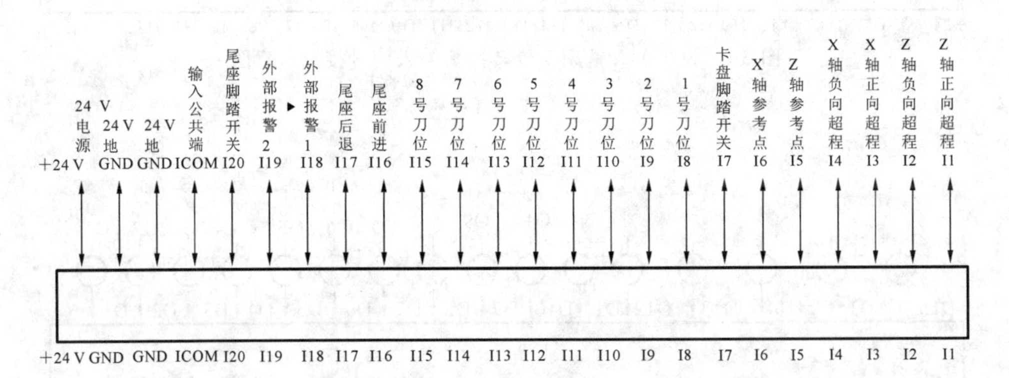

图 3-3　2000TA 车床 I/O 转接板输入信号接线示意图

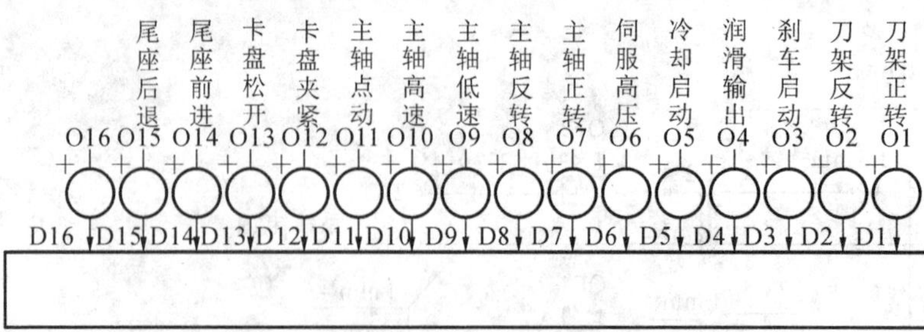

图 3-4 2000TA 车床 I/O 转接板输出信号接线示意图

3.2 数控铣床电气控制电路典型设计举例

3.2.1 强电示意图

数控铣床电气控制电路的强电示意图可参见图 3-1 和图 3-2。

3.2.2 2000MA 铣床输入输出开关量定义

(1) 2000MA 铣床 I/O 转接板输入信号接线示意图如图 3-5 所示。

(2) 2000MA 铣床 I/O 转接板输出信号接线示意图如图 3-6 所示。

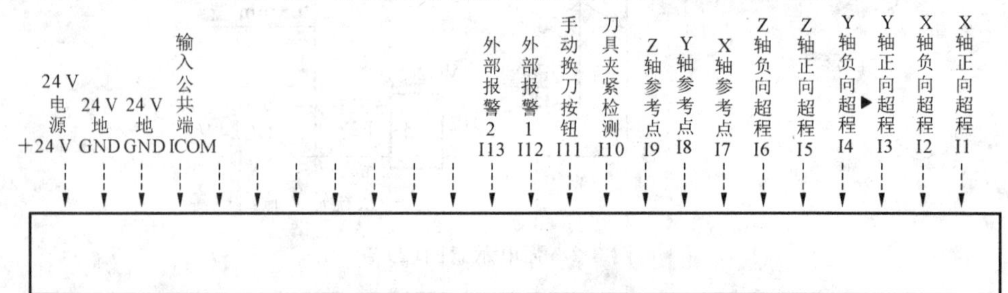

图 3-5 2000MA 铣床 I/O 转接板输入信号接线示意图

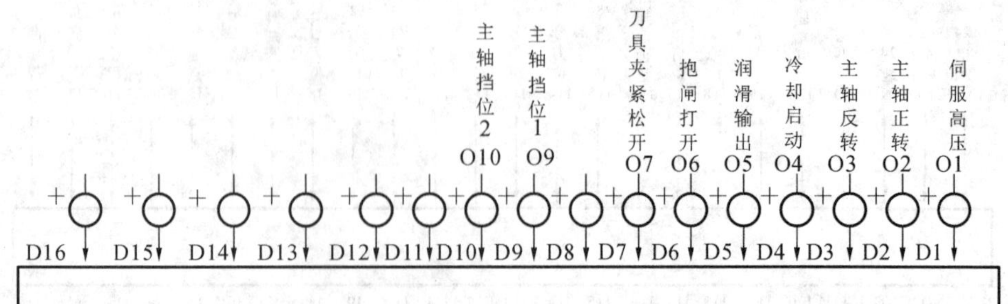

图 3-6 2000MA 铣床 I/O 转接板输出信号接线示意图

第4章 运行与调整

4.1 调试准备

4.1.1 核对和记录

打开数控系统包装后，首先观察系统外观是否有破损，如外观有破损，不要加电。

核对装箱单，检查一下系统配件是否齐全，一般情况下一套控制系统包括：数控系统、伺服驱动器、伺服电动机、连接电缆、伺服变压器、24 V直流电源等。

核对数控系统型号是否正确：在数控系统主机的液晶屏幕上方显示该系统的型号。如图4-1所示，2000系列车床系统的型号为CASNUC 2000TA。

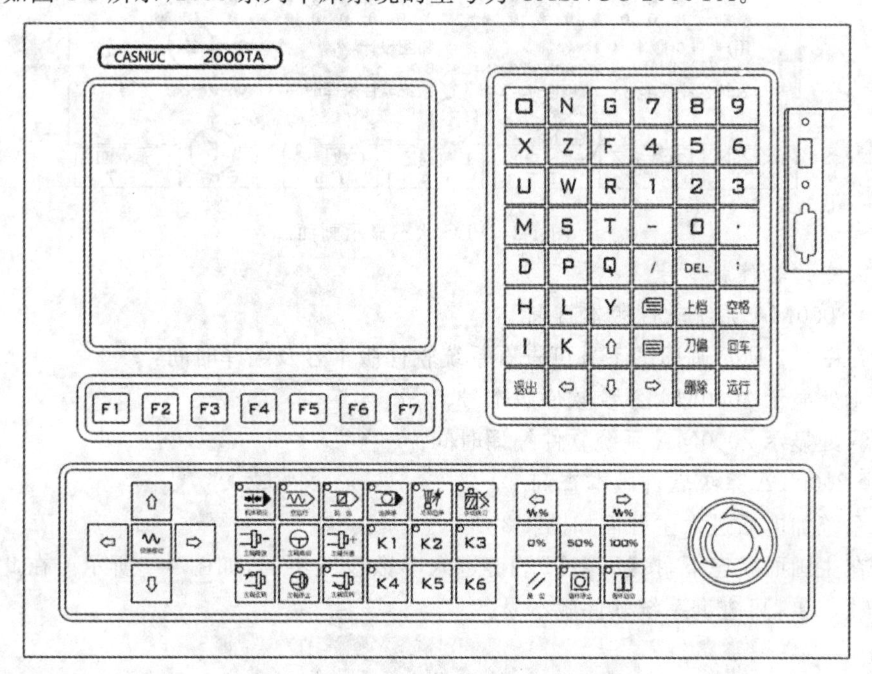

图4-1 2000TA系统外观正视图

4.1.2 了解版本信息

1. 查询软件 PLC 版本号

数控系统上电后，进入到系统主画面，按【F6】键进入 PLC 状态显示画面如图 4-2 所示。在此画面中可显示 PLC 的版本号、PLC 的设计人员及 PLC 编译时间。图 4-2 中：

①处显示用户 PLC 的版本号；

②处显示 PLC 的设计人员的名字；

③处显示 PLC 编译时间；

④处显示系统软件版本号；

⑤处显示系统软件编译时间。

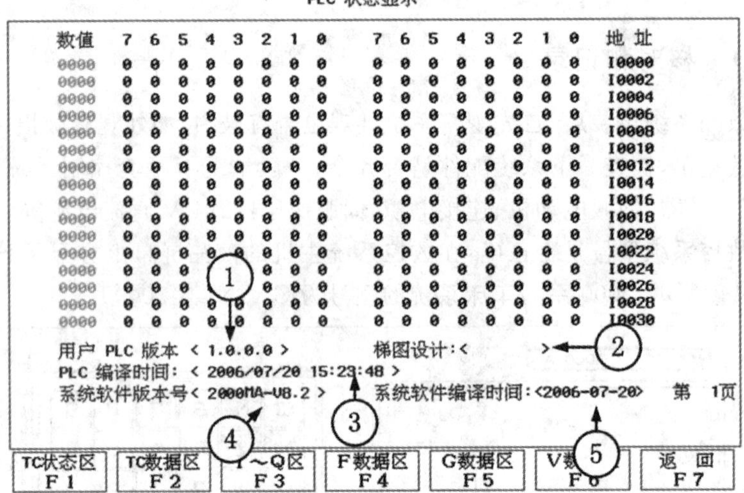

图 4-2 PLC 状态显示画面

2. 查询软件版本号

- 2000MA 系统软件版本查询

在图 4-2 所示画面的下方可查看系统软件版本号及编译时间：

④处显示 2000MA 系统软件版本号；

⑤处显示 2000MA 系统软件编译时间。

- 2000TA 系统软件版本查询

系统加电后进入主画面如图 4-3 所示。

在主画面状态下，按【F7】、【F2】键进入参数设置界面，如图 4-4 所示。在此界面下，按【F6】键可查询系统软件版本号。

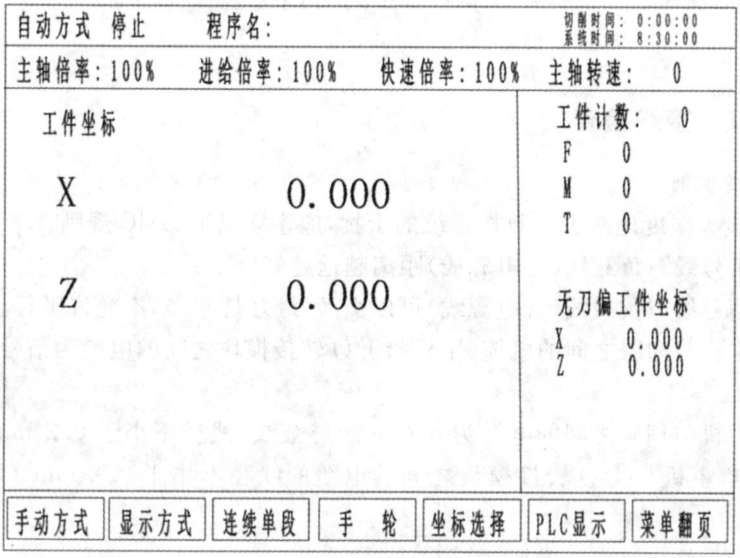

自动方式 停止 程序名:
切削时间: 0:00:00
系统时间: 8:30:00
主轴倍率:100% 进给倍率:100% 快速倍率:100% 主轴转速: 0
工件坐标
X 0.000
Z 0.000
工件计数: 0
F 0
M 0
T 0
无刀偏工件坐标
X 0.000
Z 0.000
手动方式
显示方式
连续单段
手 轮
坐标选择
PLC显示
菜单翻页

图 4-3 2000TA 系统主画面

参数设置
1.A机床参数
2.B螺补参数
3.C系统参数(1)
4.D系统参数(2)
5.E参数
6.F系统参数(3)
7.G刀偏参数
8.PLC参数
按相应数字键进行选择
密码输入
PLC输入
参数清除
版 本

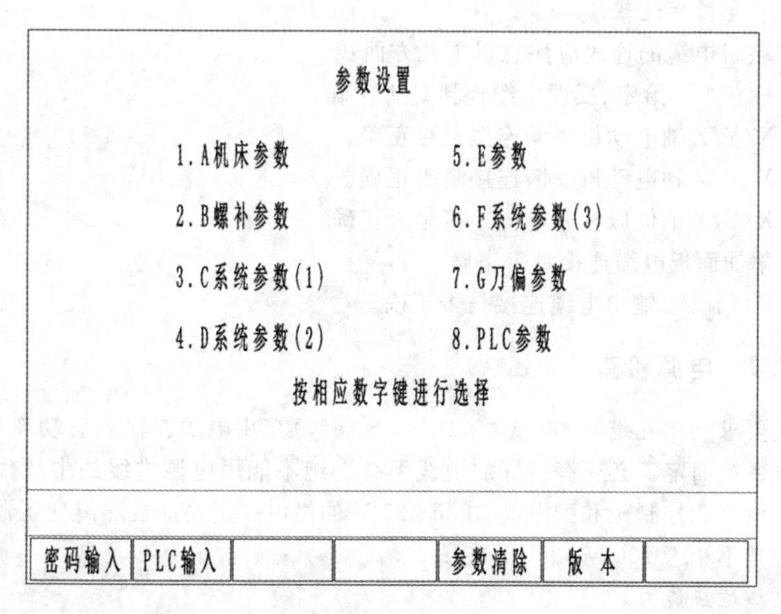

图 4-4 参数设置

4.2 运行前检查

4.2.1 接线检查

1. 连线规则

为了最大限度地减少对数控系统的干扰,应遵守以下 EMC 规则。

(1) 信号线与负载线(含电源线)距离越远越好。

(2) 信号线与负载线(含电源线)可以交叉(最好是 90°),不允许平行。

(3) 主机与伺服之间的电缆、主机与 I/O 转接模块之间的电缆为信号线,必须使用屏蔽线。

(4) 主机与伺服之间的电缆为 8 对双绞屏蔽线,线径不小于 0.2 mm^2(RVVP8×2×0.2),主机与 I/O 转接模块之间的电缆的线径不小于 0.2 mm^2(RVVP37×0.2)。

(5) 信号线应远离强磁场。

(6) 如果因空间位置较小不能实现分开走线的,信号线应加装金属屏蔽管。

(7) 信号线应根据需求越短越好。

2. 主机电缆的连线

检查主机电缆的连线应注意以下几方面:

(1) 检查主轴给定、反馈电缆连接是否正确。

(2) X/Y/Z 轴电动机驱动连接是否正确。

(3) X/Y/Z 轴电动机反馈连接是否正确。

(4) X/Y/Z 轴伺服控制电缆连接是否正确。

(5) 附加面板电缆连接是否正确。

(6) I/O 输入、输出电缆连接是否正确。

4.2.2 电源检查

进线要求三相五线制 380 V(+10%,-15%)交流电源。输入总功率要参考采用的伺服系统而定。必须有良好的地线系统。绝不能用电源进线的中线代替地线。如果用户没订购控制柜和配电盘,主机 220 V 的供电一定要加装隔离变压器,隔离变压器的容量不小于 100 VA。

1. 电压适应能力

数控系统能正常工作的交流供电条件如下。

(1) 额定电压:单相 220 V(+10%,-15%)。

(2) 频率:50 Hz±1 Hz。

2. 电源丢波适应能力

电源系统在连续丢失 1 个周波的情况下能正常工作。

4.2.3 设备检查

检查数控系统、伺服驱动器、液/气压装置电器、刀架/刀具控制电器、冷却控制电器、卡盘控制电器、主轴控制电器、润滑控制电器是否正常。

4.3 试运行

4.3.1 通电

在检查无误的情况下,可以对系统进行加电操作。系统加电应按如下步骤接通电源及确认加电正常。

(1) 电气柜及机床有关部位的开门断电装置应处于正常关闭状态。

(2) 按照机床说明书接通机床电源及电气柜电源,电气柜风扇应转动正常。

(3) 接通系统的电源开关,数秒钟后液晶显示器应有显示。

(4) 系统加电后显示为自动方式。

4.3.2 参数设置

系统加电后进入自动方式界面,系统界面显示如图 4-5 所示。

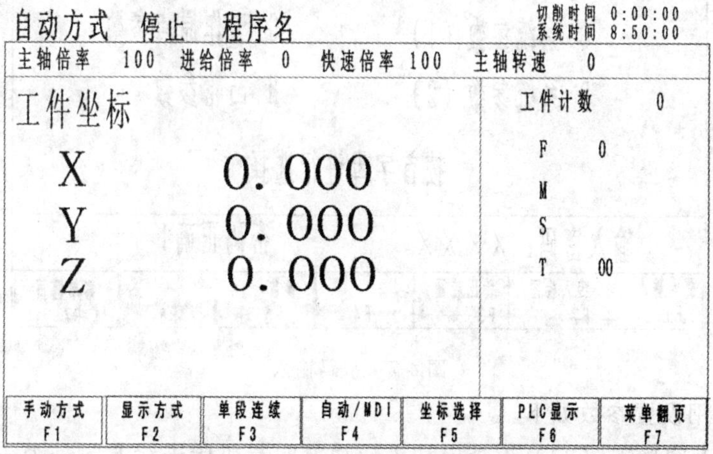

自动方式 停止 程序名 切削时间 0:00:00 系统时间 8:50:00

主轴倍率 100 进给倍率 0 快速倍率 100 主轴转速 0

工件坐标 工件计数 0

X 0.000 F 0

Y 0.000 M

Z 0.000 S

T 00

手动方式 F1	显示方式 F2	单段连续 F3	自动/MDI F4	坐标选择 F5	PLC显示 F6	菜单翻页 F7

图 4-5 自动方式

在自动方式界面下,按【F7】键、【F2】键进入参数设置界面,系统界面显示如图 4-6所示。

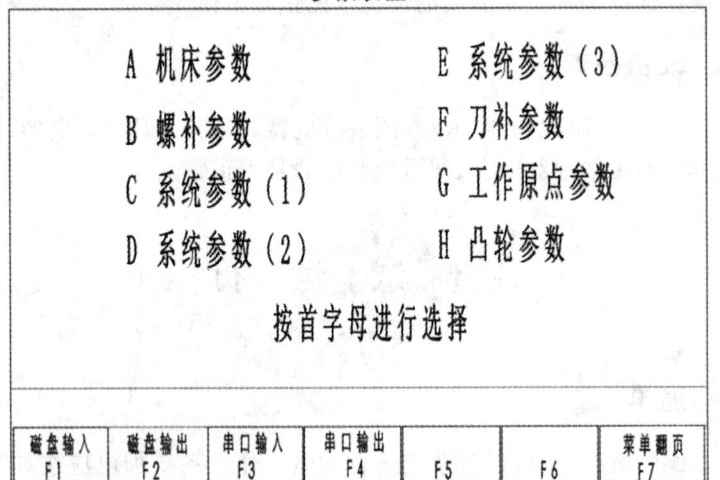

图 4-6 参数设置

在参数设置界面下，按【F7】键、【F1】键后，输入密码：901B，页面显示如图 4-7 所示，在提示密码正确后，按【A】～【G】键，可分别进入相应参数区修改参数。

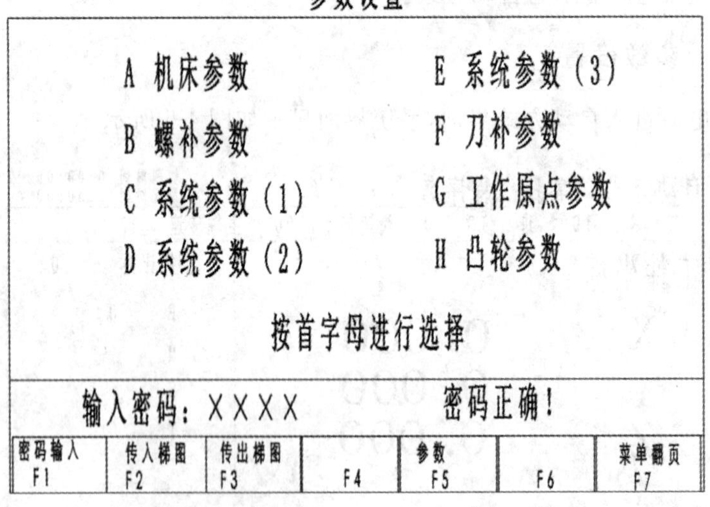

图 4-7 密码输入

机床常用设置参数如下。

(1) 轴方向标志(A11)：检查电动机转动方向与机床进给方向是否一致，如不一致，修改 A11 参数中相关参数设置。机床参数页面如图 4-8 所示。

(2) 螺距(D17～D19)：螺距为伺服轴编码器旋转一圈机床对应轴移动的距离。根据机床设计要求，修改相关参数，相应参数页面如图 4-9 所示。

机床参数 14:28:56

A0001	00000000	A0017	00000000	A0033	00000000
A0002	00000000	A0018	00000000	A0034	00000000
A0003	00000000	A0019	00000000	A0035	00000000
A0004	00000000	A0020	00000000	A0036	00000000
A0005	00000000	A0021	00000000	A0037	00000000
A0006	00000000	A0022	00000000	A0038	00000000
A0007	00000000	A0023	00000000	A0039	00000000
A0008	00000000	A0024	00000000	A0040	00000000
A0009	00000000	A0025	00000000	A0041	00000000
A0010	0000000	A0026	00000000	A0042	00000000
A0011	00000000	A0027	00000000	A0043	00000000
A0012	00000000	A0028	00000000	A0044	00000000
A0013	00000000	A0029	00000000	A0045	00000000
A0014	00000000	A0030	00000000	A0046	00000000
A0015	00000000	A0031	00000000	A0047	00000000
A0016	00000000	A0032	00000000	A0048	00000000

轴正向运动时，电动机顺时针旋转‘1’(从轴端看) 1～8轴对应BIT0～BIT7 1

图 4-8 机床参数

系统参数(2) 14:28:56

D0001	00000	D0017	10000	D0033	00000
D0002	00000	D0018	00000	D0034	00000
D0003	00000	D0019	00000	D0035	00000
D0004	00000	D0020	00000	D0036	00000
D0005	00000	D0021	00000	D0037	00000
D0006	00000	D0022	00000	D0038	00000
D0007	00000	D0023	00000	D0039	00000
D0008	00000	D0024	00000	D0040	00000
D0009	02048	D0025	00000	D0041	00000
D0010	02048	D0026	00000	D0042	00000
D0011	02048	D0027	00000	D0043	00000
D0012	00000	D0028	00000	D0044	00000
D0013	00000	D0029	00000	D0045	00000
D0014	00000	D0030	00000	D0046	00000
D0015	00000	D0031	00000	D0047	00000
D0016	00000	A0032	00000	D0048	00000

X轴螺距（单位：μm） 1

图 4-9 系统参数

(3) 编码器线数(D9～D11)：编码器线数是编码器旋转一圈编码器输出的脉冲数。应根据所选伺服电动机编码器型号修改相关参数。

(4) 主轴最高转速限制(D81～D84)：根据变频器和主轴电动机最高转速设定。

(5) 反向间隙(D97～D99)：根据实际测量设定间隙值。

4.3.3 PLC 修改

在接线时一定要按照本机床对应 PLC 使用说明正确接线，否则可能出现误动作。注意梯图的使用：

(1) 按梯图程序要求接好各轴硬限位；

(2) 按梯图程序要求接好各输入输出点；

(3) 按梯图程序要求接好各报警(主轴变频器报警、冷却泵电动机报警、润滑油位低报警)输入点，如某一报警输入没有，将相应梯图报警位屏蔽。

4.4 机床连接调试

4.4.1 进给调试

1. 伺服零点的调试

一般情况下，出厂时伺服零点已经调试好了，但是有时在机床装配时伺服与系统不一定是按出厂的配套情况装配的，或者现场更换系统或伺服，这些情况下应该调整一下零点。建议用如下方法进行调试：

(1) 将数控系统的显示坐标调到“跟踪误差”方式，在伺服停止的情况下查看跟踪误差值，最好的状态该值应该为 01(脉冲值)，如果误差值在 010 个脉冲值内可以认为符合要求。

(2) 如果偏差较大，把伺服驱动调到“零偏补偿”方式下，调整零偏参数，使数控系统屏幕上的“跟踪误差”值达到最小并存储该参数。

2. 伺服、系统增益的联合调试

伺服和系统增益合理与否对机床的加工精度有一定的影响。一般来说，装机之前增益的调整是比较粗的调整，但如果做得好也可以基本达到联机的要求。如何确定增益的合理性？以下办法可供参考(以使用数字伺服为例)。

1) 脱机调试(不联机床)

一般在脱机状态下，将伺服的增益尽可能调大，以不产生振荡为宜。为了便于批量生产，可以在实验的基础上确定一个可用的参数。

2) 联机调试

在联机状态下调整伺服增益：数控系统显示“跟踪误差”，各轴以 F100、F300 的速度匀速运行，观察并记录误差值。根据下面的公式计算各轴的系数 A：

$$A = \frac{跟踪误差 \times 螺距}{编码器分辨率 \times 4}$$

式中：跟踪误差值的单位是脉冲；

编码器分辨率的单位是脉冲；

螺距的单位是 μm。

如果各轴的系数 A 相等或误差值较小(误差值越小越好)，机床加工的集合精度就会越好。如果各轴计算出来的系数 A 的误差值较大，就需要调整伺服的增益来减小该系数的误差。

4.4.2　软限位和零点设置

系统要求进行存储型行程极限的设置，即设置 E73～E88 参数，其中 E73～E76 为第 1 轴～第 4 轴的负限位，输入范围为 0～－99999.999。E81～E84 为第 1 轴～第 4 轴的正限位，输入范围为 0～99999.999。根据使用要求，可将上述软行程限位设在机床硬限位内侧，以起到双重保护的作用。若不需要使用存储型行程限位，可将其参数设置在机床行程范围以外。

系统某轴完成了返回机床零点操作，该轴存储型行程限位有效，若此轴的正、负方向的软行程值都为 0，则系统回零完成后立刻报警，且系统在此轴上无法运行，因此，E73～E88 参数不能为零。

4.5　机床误差补偿

4.5.1　反向间隙补偿

以铣床为例：在铣床上测量 X 轴的反向偏差，可先将万用表压住主轴的圆柱表面，然后运行如下程序进行测量。

```
G92 G01 X50 F1000;        工作台右移
X-50;                     工作台左移，消除传动间隙
G04 X5;                   暂停以便观察
Z50;                      Z 轴抬高让开
X-50;                     工作台左移
X50;                      工作台右移复位
Z-50;                     Z 轴复位
G04 X5;                   暂停以便观察
M99;
```

与反向间隙补偿相关的参数如表 4-1 所示。

表 4-1　反向间隙参数

名称	含　义	参数说明
D97	X 轴反向间隙补偿	单位：μm，允许值：0～255
D98	Y 轴反向间隙补偿	单位：μm，允许值：0～255
D99	Z 轴反向间隙补偿	单位：μm，允许值：0～255

4.5.2 螺距误差的测量及补偿

以 2000TA 车床系统为例，螺距误差相关内容如下。

1. 与螺补功能有关的参数

(1) 螺补标志(8 位)A9。

D0～D2＝1 时，X 轴到第 3 轴螺距补偿有效；

D0～D2＝0 时，X 轴到第 3 轴螺距补偿无效。

(2) X 轴螺距补偿值 B1～B256。

(3) Z 轴螺距补偿值 B513～B768。

(4) 螺距补偿起点(－99999.999～0，单位：mm)F161 X 轴、F163 Z 轴。

螺距补偿起点是第一螺补点距回零点的距离。注意，螺距补偿起点值为零时螺补功能无效。

(5) 螺补间隔值(0～99999.999，单位：mm)F169 X 轴、F171 Z 轴。

螺补间隔值是相邻的两个螺补点之间的距离。注意，螺补间隔值为零时螺补功能无效。

2. 螺补值的测量

螺补值的测量按下述步骤进行(以 X 轴为例)：

(1) 确定螺距补偿起点(F161) 和螺补间隔值(F169)。螺距补偿起点值和螺补间隔值不能为零。

(2) 设置参数使螺补功能无效，即令 A9.D0＝0。

(3) 编写“测量程序”。“测量程序”的动作过程如图 4-10 所示。

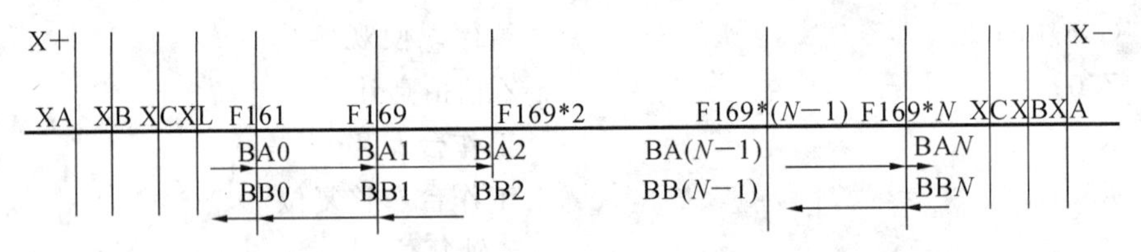

图 4-10　测量程序过程图

图 4-10 中：

XA——急停限位；

XB——限位；

XC——软限位；

XL——机床零点；

BA0～BAN——向负方向运动时的测量点；

BB0～BBN——向正方向运动时的测量点。

BB0 点向正方向运动后回到螺补起点的动作和 BBN 点向负方向运动后回到螺补起点的动作是为了消除反向间隙的影响。一般情况下，在 BA1 点将读数清零。

(4) 运行“测量程序”,记录测量值。可以连续测量数遍,以确定机床运动的稳定性。

3.螺补值的计算与填写

(1) 相对螺补值的计算。

读数为正时,机床运动距离比标称值大;读数为负时,机床运动距离比标称值小。

$$B1=\frac{(BA0-BA1)(\mu m)\times 参数\ D9\times 4}{参数\ D17}$$

$$B2=\frac{(BA1-BA2)(\mu m)\times 参数\ D9\times 4}{参数\ D17}$$

$$B3=\frac{(BA2-BA3)(\mu m)\times 参数\ D9\times 4}{参数\ D17}$$

⋮

$$BN=\frac{[BA(N-1)-BAN](\mu m)\times 参数\ D9\times 4}{参数\ D17}$$

(2) 螺补值的填写。

填写计算得到的螺补参数(B1~B256)。更改参数使 A9.D0=1,运行“测量程序”校验螺补结果。校验结束后,如合格则可以进行下一个轴的螺距补偿。

第5章 刚性攻丝

攻丝循环 G84 和左旋攻丝循环 G74 可以在弹性攻丝或刚性攻丝方式中执行。用参数 A90 决定系统工作于弹性攻丝方式或刚性攻丝方式。

2000MA 数控系统 v2.0 版软件支持弹性攻丝和刚性攻丝功能。

在弹性攻丝方式中，为执行攻丝，通过辅助功能 M03 使主轴正转，M04 使主轴反转，M05 使主轴旋转停止，并沿着攻丝轴移动。

在刚性攻丝方式中，用主轴电动机控制攻丝过程。主轴每旋转一转沿攻丝轴产生一个螺纹导程的距离。刚性攻丝方式不用弹性攻丝方式中使用的浮动丝锥卡头。

5.1 攻丝固定循环简述

5.1.1 攻丝加工固定循环(G74、G84) 动作组成

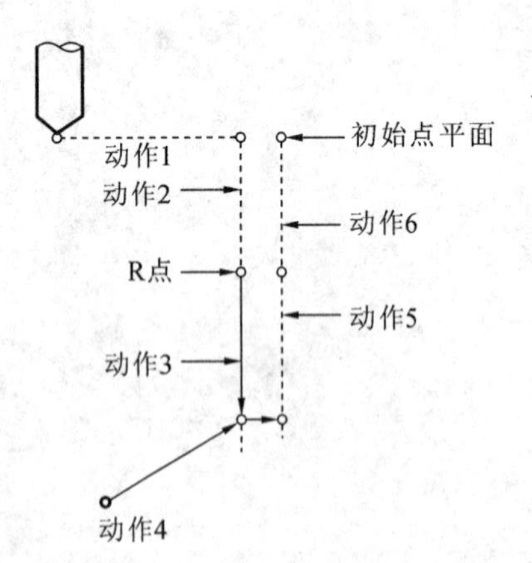

图 5-1 攻丝加工固定循环动作

攻丝加工固定循环动作组成如图 5-1 所示。一般固定循环是由下面六个动作顺序组成的：

动作 1——孔位定位(仅限 X、Y 轴)；

动作 2——快速进给到 R 点；

动作 3——孔加工；

动作 4——孔底的动作；

动作 5——退回到 R 点；

动作 6——快速进给到初始点平面。

5.1.2 数据给出方式(G90、G91)

攻丝固定循环的绝对值指令和增量值指令如图 5-2 所示。

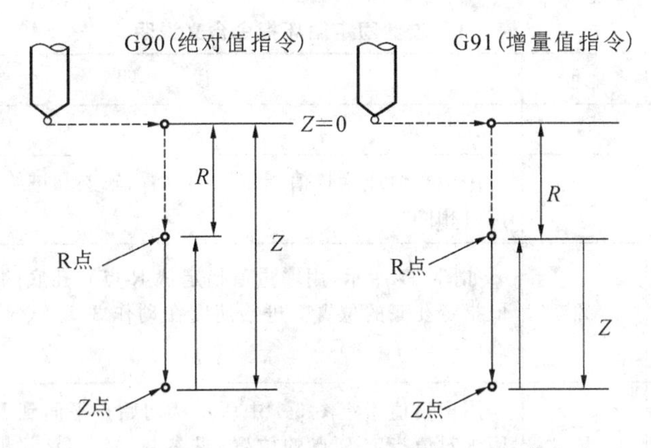

图 5-2　攻丝固定循环的绝对值指令和增量值指令

5.1.3　返回动作(G98、G99)

在返回动作中,根据 G98 或 G99 的不同,可以使刀具返回到初始点平面或 R 点平面。指令 G98 或 G99 的动作如图 5-3 所示。

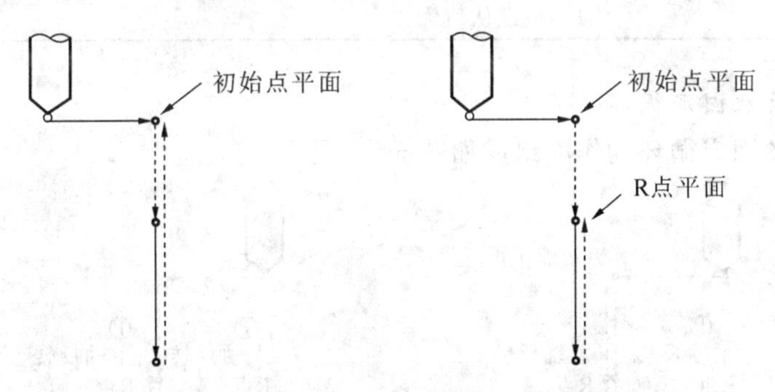

图 5-3　G98 指令和 G99 指令动作

通常,最初的孔加工用 G99,最后的孔加工用 G98。用 G99 指令加工孔时,初始点平面也不变化。

5.2　攻丝固定循环功能

攻丝固定循环功能的指令如图 5-4 所示,指令的含义说明如表 5-1 所示。

G_	X_Y_Z_	R_Q_ P_F_	L_	;
孔加工状态	孔位置数据	孔加工数据	重复次数	结束符

图 5-4　攻丝固定循环功能的指令

表 5-1　攻丝固定循环指令含义说明

指定内容	地址	说　明
孔加工状态	G	G74/G84
孔位置数据	X、Y	用绝对值或增量值指定孔的位置，轨迹和进给速度与用 G00 定位时相同
	Z	如图 5-1 所示，用增量值指定从 R 点到孔底的距离或者用绝对值指定孔底的位置。进给速度在动作 3、动作 5 中是用 F 指定的速度
孔加工数据	R	用增量值指定图 5-1 中所示从初始点平面到 R 点的距离，或者用绝对值指定 R 点的位置（见参数 A28. D2 说明）。进给速度在动作 2 和动作 6 中全都是快速进给
	P	指定暂停时间。时间与指定数值的关系和 G04 的指定相同
速度/螺距	F	指定切削进给速度或攻丝加工的螺距（螺距单位：μm）
重复次数	L	用来指定图 5-1 中动作 1～6 一连串动作的重复次数。不指定 L 时，默认值为 1

1. 反向攻丝固定循环（G74）

反向攻丝固定循环动作的组成如图 5-5 所示。

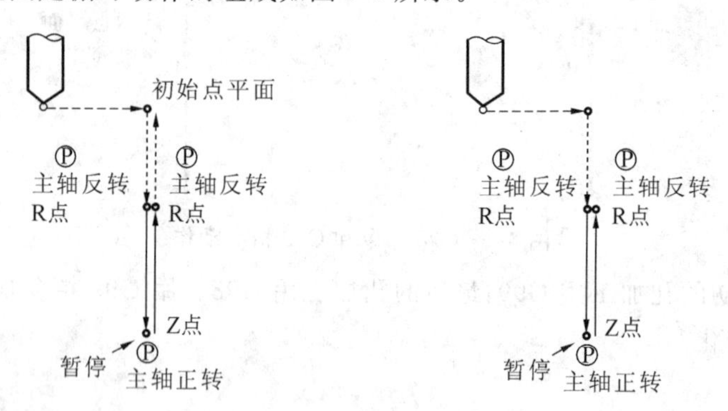

图 5-5　反向攻丝固定循环动作

2. 攻丝固定循环（G84）

攻丝固定循环动作的组成如图 5-6 所示。

3. 动作说明

对攻丝固定循环动作的说明如下。

(1) 沿 X 轴和 Y 轴定位后执行快速移动到 R 点。

(2) 从 R 点到 Z 点执行攻丝，当攻丝完成时主轴停止并执行暂停。

(3) 主轴以相反方向旋转刀具退回到 R 点，然后执行快速移动到初始位置。

(4) 在 G84(G74) 的攻丝动作（动作 3～动作 5）中，进给速度倍率无效（固定为

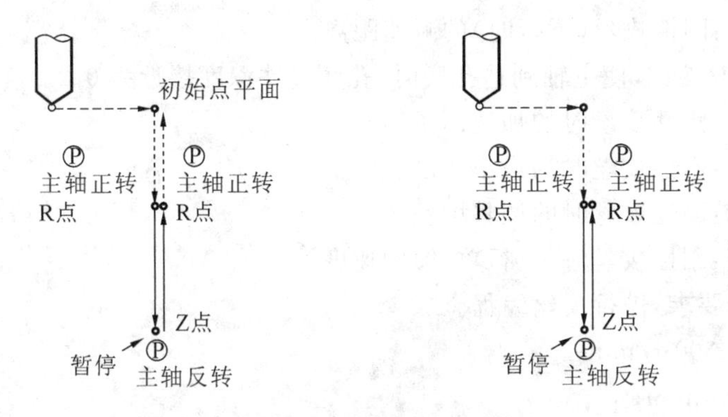

图 5-6 攻丝固定循环动作

100),机床锁住、Z 轴锁住、进给保持、空运行、循环停止、单程序段等功能无效。

(5) 用 G80 取消固定循环(G73、G74、G81～G89),之后按通常动作加工。

5.3 攻丝固定循环的参数

对攻丝固定循环中的参数说明如下。

(1) A90.D0:指定刚性攻丝或弹性攻丝。

A90.D0＝0 时,为弹性攻丝;

A90.D0＝1 时,为刚性攻丝。

(2) A90.D1:指定主轴编码器方向。

主轴旋转方向与主轴编码器方向不一致时,用 A90.D1 进行调整。

A90.D1＝0 时,为正常计数;

A90.D1＝1 时,为主轴编码器反向计数。

主轴编码器读数为正时,为方向一致,反之则为不一致。

(3) A91.D0:确定是否判断 PLC 的主轴高低速挡。

A91.D0＝0 时,不判断 PLC 的主轴高低速挡;

A91.D0＝1 时,判断 PLC 的主轴高低速挡。

(4) A92.D0:确定输出的主轴电压值是否带符号。

A92.D0＝0 时,输出的主轴电压值不带符号;

A92.D0＝1 时,输出的主轴电压值的符号根据 PLC 送回的主轴旋转方向决定。

① 主轴正向旋转,输出的主轴电压值为正值;

② 主轴反向旋转,输出的主轴电压值为负值;

③ 主轴停止,输出的主轴电压值为零。

(5) E200:刚性攻丝(下行时)的减速距离。

调整 E200 参数,使主轴到达孔底时,孔底过冲深度接近为 0。

(6) D200:刚性攻丝时的加速因子。

(7) D201:刚性攻丝时的最小速度。

(8) D202:刚性攻丝时的调整增益。

(9) D205:刚性攻丝时(上行攻丝)的速度。

根据以下要求,进行攻丝编程。

主轴速度 300 r/min;

螺纹导程 5 mm;

孔底暂停 2 s;

孔深 100 mm。

刚性攻丝编程如下:

G92 X0 Y0 Z0;

M03 S300;

G84 X100 Y100 Z−100.0 R−20.0 F5000 P2;刚性攻丝(参数 A90=00000001)

G80;

M30;

弹性攻丝编程如下:

G92 X0 Y0 Z0;

M03 S300;

G84 X100 Y100 Z−100.0 R−20.0 F1500 P2;弹性攻丝(参数 A90=00000000)

G80;

5.4 指令攻丝固定循环需注意的事项

指令攻丝固定循环需注意以下事项:

(1) 攻丝过程中,当进给到孔底后主轴转动方向改变时,主轴可能沿原方向继续转动(转动量与主轴伺服的特性直接相关),攻丝时孔底应留有余量(特别是盲孔攻丝时)。

(2) 攻丝过程中,应进行试加工,确认加工过程中不会超过软限位、硬限位、急停限位。

(3) 攻丝循环中,R 平面应距加工平面一个螺距以上。

第6章 PLC

6.1 2000TA 车床数控系统标准梯图

本节将介绍 2000TA 标准梯图的基本功能，版本号 V14.0.0.x。

1. 主轴功能

(1) 手动功能。

在机床面板上通过“主轴正转”“主轴反转”“主轴停止”按键可以控制主轴正转、反转和停止；按机床面板上的主轴点动键，主轴正向点动。

(2) MDI 和自动功能。

在 MDI 和自动方式下，可用程序执行 M03、M04、M05 指令来控制主轴正转、反转和停止。

(3) 自动方式下手动功能失效。

(4) 与主轴相关的参数。

参数 A39 的 D3 用来确定主轴点动方式：

D3=0 时，以主轴点动输出点(O11)来控制点动动作；

D3=1 时，以主轴正转输出来控制点动动作。

(5) 注意事项。

正转(或反转)不允许直接跳到反转(或正转)，必须停止后才允许反方向旋转。

(6) 与主轴控制有关的输出信号如表 6-1 所示。

表 6-1 主轴输出信号

功　　能	I/O 转接模块输出信号名	备　　注
主轴正转	O7	
主轴反转	O8	
主轴制动	O3	适用于带刹车片的主轴
主轴点动	O11	适用于有点动输入的变频器

2. 刀架

(1) 手动功能。通过按操作面板上的刀具按钮，刀架转一个刀位。

(2) 自动方式下手动功能失效。

(3) MDI 和自动功能。在 MDI 和自动方式下换刀，可指定并执行需要的 T 代码，数控系统自动转到指定刀位。

(4) 与刀具有关的参数。参数中各位的排列格式如下：

D7	D6	D5	D4	D3	D2	D1	D0

● 实际刀号到位状态(D0)。

参数 A39 的 D0 用来确定实际刀号到位状态：

D0=0 时，实际刀号到位低有效("0"有效)；

D0=1 时，实际刀号到位高有效("1"有效)。

● 刀架最大工位数定义(D2、D1)。

参数 A39 的 D2、D1 用来确定刀架可装刀具的工位数：

D2D1=00 对应 4 工位；

D2D1=01 对应 6 工位；

D2D1=11 对应 8 工位。

(5) 与刀架有关的输出信号如表 6-2 所示。

表 6-2　刀架输出信号

功　能	I/O 转接模块输出信号名
刀架正转	O1
刀架反转	O2

(6) 与刀架有关的输入信号如表 6-3 所示。

表 6-3　刀架输入信号

功　能	I/O 转接模块输入信号名
刀号 1	I8
刀号 2	I9
刀号 3	I10
刀号 4	I11
刀号 5	I12
刀号 6	I13
刀号 7	I14
刀号 8	I15

3.卡盘

(1) 允许脚踏开关控制:单数下打开卡盘,双数下关闭卡盘或相反。

(2) 主轴旋转时,脚踏开关功能失效。

(3) 自动方式下手动功能失效。

(4) MDI 和自动功能。在 MDI 和自动方式下,可执行 M10(夹紧)、M11(打开卡盘)。

(5) 与卡盘相关的参数。参数中各位的排列格式如下:

D7	D6	D5	D4	D3	D2	D1	D0

● 卡盘内外卡由参数 A40 的 D6 控制:

D6=0 时为外卡;

D6=1 时为内卡。

● 卡盘夹紧、松开到位信号由参数 A40 的 D3 控制:

D3=0 时,卡盘夹紧、松开到位信号有效;

D3=1 时,卡盘夹紧、松开到位信号无效。

由于信号与手持盒的 X 轴、Z 轴信号复用,因此当手持盒有效(参数 A39. D5=1) 时,无卡盘夹紧、松开到位功能。

● 检测卡盘压力低的报警信号由参数 A40 的 D2 控制:

D2=0 时,检测卡盘压力低信号;

D2=1 时,不检测卡盘压力低信号。

由于信号与手持盒 X1 信号复用,因此当手持盒有效(参数 A39. D5=1) 时,无卡盘压力低报警功能。

● 卡盘面板按键(【K2】夹紧、【K3】松开)控制,可由参数 A40 的 D5 控制:

D5=1 时,面板按键(【K2】夹紧、【K3】松开)控制卡盘有效;

D5=0 时,面板按键(【K2】夹紧、【K3】松开)控制卡盘无效。

(6) 与卡盘有关的输入信号如表 6-4 所示。

表 6-4 卡盘输入信号

功　　能	I/O 转接模块输入信号名
卡盘脚踏开关	I7

(7) 与卡盘有关的输出信号如表 6-5 所示。

表 6-5　卡盘输出信号

功　　能	I/O 转接模块输出信号名
卡盘松开	O13
卡盘夹紧	O12

4. 润滑

润滑功能的适用范围如下。

① 普通油泵通过本梯图控制其工作或停止，工作即对设备润滑，停止即油泵电动机不转动，停止对设备润滑。通过梯图参数设定润滑启动和停止时间。

② 使用间歇泵等具有自动润滑启动和停止功能的润滑泵不需要接此信号。

通过梯图参数来设定润滑的启动和停止时间。

(1) 与润滑控制有关的输出信号如表 6-6 所示。

表 6-6　润滑输出信号

功　　能	I/O 转接模块输出信号名
润滑启动	O4

(2) 与润滑控制有关的定时器参数如表 6-7 所示。

表 6-7　润滑参数

定时器	功　　能	定时参数
T65	润滑间隔时间	H66 参数
T66	润滑时间	H67 参数

定时器一共分为两种，T0～T63 以 10 ms 为单位，T64～T127 以 1 s 为单位。

T0～T63：定时时间＝H 参数的内部设定数值×10 ms。

T64～T127：定时时间＝H 参数的内部设定数值×1 s。

5. 尾座

(1) 尾座前进。按下【K5】键尾座前进，遇到尾座前进到位信号或松开【K5】键时停止。

(2) 尾座后退。按下【K6】键尾座后退，遇到尾座后退到位信号或松开【K6】键时停止。

(3) 允许脚踏开关控制，单数下打开尾座前进，双数下尾座后退。

(4) 参数 A40 的 D4 确定尾座是否为脚踏开关控制。参数中各位的排列格式如下：

D7	D6	D5	D4	D3	D2	D1	D0

D4＝0 时，尾座用面板上【K5】(前进)、【K6】(后退)键控制；

D4＝1 时,尾座用脚踏开关控制。

(5) 与尾座有关的输入信号如表 6-8 所示。

表 6-8 尾座输入

功　能	I/O 转接模块输入信号名
尾座前进到位	I16
尾座后退到位	I17
尾座脚踏开关	I20

(6) 与尾座有关的输出信号如表 6-9 所示。

表 6-9 尾座输出

功　能	I/O 转接模块输出信号名
尾座前进	O14
尾座后退	O15

6. 冷却

(1) 手动功能。

按“冷却”键,可打开或关闭冷却;单数下打开,双数下关闭。

(2) 自动方式下手动功能失效。

(3) MDI 和自动功能。

在 MDI 和自动方式下,可执行 M08、M09 来打开、关闭冷却。

(4) 与冷却有关的输出信号如表 6-10 所示。

表 6-10 冷却输出

功　能	I/O 转接模块输出信号名
冷却泵启动	O5

7. 换挡

仅在 MDI 和自动方式下,可执行 M41、M42 进行换挡。与挡位有关的输出信号如表 6-11 所示。

表 6-11 换挡输出

功　能	I/O 转接模块输出信号名
M41 挡位	O9
M42 挡位	O10

8. 急停

PLC 接到急停信号，把 PLC 输出置零，停止强电的动作，切断伺服动力电源，禁止数控系统执行运动类操作。

9. 复位

执行 M30 或按“复位”键，停止执行 M03、M04、M08 等功能，停止换刀的动作（如果正在换刀）。

10. 伺服动力电源控制

控制伺服动力电源的供电，可以延迟供给伺服动力电源，在急停和伺服类报警等情况下，可切断伺服动力电源。

与伺服动力电源有关的输出信号如表 6-12 所示。

表 6-12 伺服动力电源输出

功　能	I/O 转接模块输出信号名
伺服动力电源	O6

11. 报警检测

(1) 标准梯图提供了两路输入信号用于强电报警检测，检测点（正常态）可接收两路“常闭”信号。

- 第一路报警：I/O 转接模块输入信号点为 I18。

信号点接常闭点，该点断开时报警。

报警动作：PLC 输出置零，停止强电的动作；禁止数控系统执行加工程序，禁止伺服运动。

用途：可控制、提示紧急状态，例如主轴报警等。

- 第二路报警：I/O 转接模块输入信号点为 I19。

信号点接常闭点，该点断开时报警。

报警动作：仅显示报警提示信息，不影响 PLC 和系统的工作。

用途：可提示非紧急状态，例如润滑缺油等。

- 解除报警。

检查强电，保证 I/O 转接模块输入信号点 I18、I19 的状态符合信号正常工作要求。按“复位”键解除报警状态，系统重新投入工作。

- 报警号。

PLC 报警：0000000000000010——开关信号 1 报警，对应 I/O 转接模块输入点 I18。

PLC 报警：0000000000000100——开关信号 2 报警，对应 I/O 转接模块输入点 I19。

以上报警信号如果不需要，可以通过参数 A40 屏蔽报警（详见 2000TA 标准梯图 PLC 参数定义)。

(2) 与换刀有关的报警。

换刀时间过长报警(仅换刀时,梯图检查到换刀超时的情况才报警)。

- PLC 报警:0000000001000000——换刀时间过长。

报警处理:检查参数 A39 是否正确,刀位信号是否正确。

- PLC 报警:0100000000000000——换刀不到位报警。

报警处理:检查刀位信号是否正确。

- PLC 报警:0000000010000000——换刀 T 代码输入超出范围。
- PLC 报警:0000000000001000——未回零报警。
- PLC 报警:0000000000000001——卡盘未夹紧报警。
- PLC 报警:1000000000000000——主轴转动时禁止卡盘操作。
- PLC 报警:0000000000010000——卡盘压力低报警。

12. M00 功能处理

在自动运行过程中,当执行到 M00 指令时,系统暂停程序运行,此时可以执行 M03、M04、M08 指令,按程序启动键继续运行。

当执行到 M00 指令时,PLC 控制系统自动停止主轴(是否停止主轴可由参数控制,详见参数 A40)、冷却运行,此时可进行手动换刀等手动操作。

在按程序键前一定要手动启动主轴运行,或编程时在 M00 的下一行指令中增加 M03、M08 指令,否则可能毁坏刀具和工件。

13. M01 功能处理

在本梯图中“选择停”按键开关可屏蔽 M01 指令。按“选择停”键,可使 M01 功能生效或无效;单数下生效,“选择停”键亮,双数下无效,“选择停”键灭。

(1) 在 M01 指令生效状态。

在自动运行过程中,当执行到 M01 指令时,系统暂停程序运行,按启动键继续运行。PLC 控制系统自动停止主轴(是否停止主轴可由参数控制,详见参数 A40)、冷却运行,此时可进行手动换刀等操作。

(2) 在 M01 指令无效状态。

在 M01 指令无效状态下,系统不对机床主轴、冷却动作产生影响。

在按启动键前一定要手动启动主轴运行,或编程时在 M01 的下一行指令中增加 M03、M08 指令,否则可能毁坏刀具和工件。

14. M30 功能处理

在自动运行过程中,当执行到 M30 指令时,系统停止程序运行,返回到程序的开头。PLC控制系统自动停止主轴、冷却运行，停止自动操作，此时零件加工程序结束。

15. 2000TA标准梯图PLC参数的定义

如果要设置PLC参数，只需进入A参数，找到参数A39、A40(PLC参数)即可设置PLC参数。

(1) 参数A39(共8位)。

参数A39是8位二进制码，最左边为D7，最右边为D0。格式如下：

D7	D6	D5	D4	D3	D2	D1	D0

- 实际刀号到位状态(D0)。

参数A39的D0用来确定实际刀号到位状态：

D0=0时，实际刀号到位低有效("0"有效)；

D0=1时，实际刀号到位高有效("1"有效)。

- 刀架最大工位数定义(D2、D1)。

参数A39的D2、D1用来确定刀架可装刀具的工位数：

D2D1=00对应4工位；

D2D1=01对应6工位；

D2D1=11对应8工位。

- 主轴点动控制(D3)。

参数A39的D3用来确定主轴点动方式：

D3=0时，主轴点动输出控制点动动作("0"有效)；

D3=1时，主轴正反转输出控制点动动作("1"有效)。

- 外接手持器(D5)。

参数A39的D5用来确定有无手持器：

D5=0时，无手持器；

D5=1时，有手持器。

- 有无卡盘未夹紧报警(D6)。

参数A39的D6用来确定有无卡盘未夹紧报警：

D6=0时，有"卡盘未夹紧"报警；

D6=1时，无"卡盘未夹紧"报警。

- 检测机床是否进行过回零操作(D7)。

参数A39的D7用来确定在执行自动加工程序之前是否检测机床回零状态：

D7=0时，检测机床回零状态，并有"机床未回零"报警；

D7=1时，不检测机床回零状态，系统没有报警提示。

(2) 参数A40(共8位)。

参数A40是8位二进制码，最左边为D7，最右边为D0。格式如下：

D7	D6	D5	D4	D3	D2	D1	D0

● I19、I18 开关信号报警(常闭)(D1、D0)。

D1 或 D0=0,对应输入报警信号有效;

D1 或 D0=1,屏蔽对应输入报警信号。

● 卡盘压力低报警信号是否有效(D2)。

参数 A40 的 D2 用来确定卡盘压力低报警信号是否有效:

D2=0 时,检测卡盘压力低报警点;

D2=1 时,不检测卡盘压力低报警点。

● 卡盘松开、夹紧到位信号是否有效(D3)。

参数 A40 的 D3 用来确定卡盘松开、夹紧到位信号是否有效:

D3=0 时,检测卡盘松开、夹紧到位信号;

D3=1 时,不检测卡盘松开、夹紧到位信号。

● 尾座是否为脚踏开关控制(D4)。

参数 A40 的 D4 用来确定尾座是否为脚踏开关控制:

D4=0 时,尾座由面板上的【K5】(前进)、【K6】(后退)键控制;

D4=1 时,尾座用脚踏开关控制。

● 面板按键(【K2】夹紧、【K3】松开)控制卡盘是否有效(D5)。

参数 A40 的 D5 用来确定面板按键(【K2】夹紧、【K3】松开)控制卡盘是否有效:

D5=1 时,面板按键(【K2】夹紧、【K3】松开)控制卡盘有效;

D5=0 时,面板按键(【K2】夹紧、【K3】松开)控制卡盘无效。

● 卡盘内外卡选择(D6)。

参数 A40 的 D6 用来确定卡盘内外卡:

D6=0 时,外卡;

D6=1 时,内卡。

● M00 指令/M01 指令生效时是否停止主轴(D7)。

参数 A40 的 D7 用来确定 M00 指令/M01 指令生效时是否停止主轴:

D7=0 时,停止主轴;

D7=1 时,不停止主轴。

(3) H 参数(PLC 参数)。

定时器一共分为两种,T0~T63 以 10 ms 为单位,T64~T127 以 1 s 为单位。

T0~T63:定时时间=H 参数的内部设定数值×10 ms。

T64~T127:定时时间=H 参数的内部设定数值×1 s。

A1 参数 D7=1 时系统内部设定定时时间。用户也可通过对应的 H 参数更改定时时间。在 A1 参数 D7=1 的情况下,H 参数为 0 对应的定时器默认使用系统内部设定值;在 A1 参数 D7=0 的情况下,表 6-13 中的 H 参数必须填写。

表 6-13　H 参数

定时器序号	对应 H 参数	内部设定数值	用　途
T0	H1	50	M00 代码执行时间 0.5 s
T1	H2	50	M01 代码执行时间 0.5 s
T2	H3	50	M02 代码执行时间 0.5 s
T3	H4	300	M03 代码执行时间 3 s
T4	H5	300	M04 代码执行时间 3 s
T5	H6	50	M05 代码执行时间 0.5 s
T8	H9	50	M08 代码执行时间 0.5 s
T9	H10	50	M09 代码执行时间 0.5 s
T10	H11	2400	设定换刀的最长时间，大于 24 s PLC 报警
T11	H12	200	刀架反转夹紧时间 2 s
T13	H14	4	刀架正反转转换停顿延迟 0.04 s
T17	H18	50	换刀动作结束后判断刀位信号正确 0.5 s
T18	H19	100	设定换刀不到位时间，大于 1 s PLC 报警
T30	H31	50	M30 代码执行时间 0.5 s
T41	H42	50	M41 代码执行时间 0.5 s
T42	H43	50	M42 代码执行时间 0.5 s
T50	H51	300	刹车控制执行时间 3 s
T51	H52	50	在按下主轴停止键或 M05 代码执行后，主轴正、反转释放到刹车控制启动之间缓冲时间 0.5 s
T52	H53	10	S 代码执行时间 0.1 s
T65	H66	1800	润滑间隔时间 30 min
T66	H67	6	润滑时间 6 s

注：表中所说刹车控制只是针对由数控系统刹车输出点控制刹车延时的情况；如采用变频器自带功能控制刹车，表中所说刹车延时不起作用。

6.2　2000MA 铣床数控系统标准梯图

本节将介绍 2000MA 标准梯图的基本功能，版本号 V11.0.0.x。

1. 主轴功能

(1) 手动功能。

在机床面板上通过“主轴正转”“主轴反转”“主轴停止”按键可以控制主轴正转、反转和停止；按机床面板上主轴点动键，主轴正向点动。

(2) MDI 和自动功能。

在 MDI 和自动方式下，程序可执行 M03、M04、M05 指令控制主轴正转、反转和停止。

(3) 自动方式下手动功能失效。

(4) 与主轴正反转控制有关的定时器及参数如表 6-14 所示。

表 6-14 主轴正反转切换延时参数

定时器	功　能	定时参数
T17	控制从正转到反转的延时时间	H18 参数
T18	控制从反转到正转的延时时间	H19 参数

定时器一共分为两种，T0～T63 以 10 ms 为单位，T64～T127 以 1 s 为单位。

T0～T63：定时时间＝H 参数的内部设定数值×10 ms。

T64～T127：定时时间＝H 参数的内部设定数值×1 s。

(5) 与主轴控制有关的输入信号如表 6-15 所示。

刀具必须在锁紧状态(I10＝1) 才能进行主轴正反转操作，否则操作无效。如果机床无刀具锁紧信号，需把输入点 I10 接高电平 24 V。

表 6-15 与主轴控制有关的输入

功　能	I/O 转接模块输入信号名
刀具锁紧检测	I10

(6) 与主轴控制有关的输出信号如表 6-16 所示。

表 6-16 与主轴控制有关的输出

功　能	I/O 转接模块输出信号名	允许 O2、O3 输出的条件
主轴正转	O2	I10＝1
主轴反转	O3	I10＝1

2. 手动换刀

(1) 相关按键和 I/O 点。

【K1】键或输入点 I11 可以控制刀具锁紧和松开。

(2) 通过按操作面板上的【K1】键，可进行换刀操作。

【K1】键抬起(或输入点 I11 断开)时刀具是锁紧状态；

【K1】键按下(或输入点 I11 导通)时刀具是松开状态。

按下【K1】键(或输入点 I11 导通),输出信号 O7 输出“1”状态,刀具为松开状态;输出信号 O7 输出“0”状态,刀具为锁紧状态。

如果除了操作面板上的【K1】键以外,还需要增加换刀控制,可连接此输入点,其输入信号为 I11。

(3) 与换刀有关的输入信号如表 6-17 所示。

表 6-17　外接换刀按键输入

功　能	I/O 转接模块输入信号名
外接换刀按键	I11

(4) 与换刀有关的输出信号如表 6-18 所示。

表 6-18　换刀输出

功　能	I/O 转接模块输出信号名
刀具夹紧/松开	O7

主轴正转或反转时不允许进行换刀操作。

3. 润滑

润滑功能的适用范围如下。

① 普通油泵通过梯图控制其工作或停止,工作即对设备润滑,停止即油泵电动机不转动,停止对设备润滑。

② 使用间歇泵等具有自动润滑启动和停止功能的润滑泵不需要连接此信号。

通过梯图参数来设定润滑启动和停止时间。

(1) 与润滑控制有关的输出信号如表 6-19 所示。

表 6-19　润滑输出信号

功　能	I/O 转接模块输出信号名
润滑启动	O5

(2) 与润滑控制有关的定时器参数如表 6-20 所示。

表 6-20　润滑参数

定时器	功　能	定 时 参 数
T65	润滑间隔时间	H66 参数
T66	润滑时间	H67 参数
T67	润滑时间	H68 参数

T67 为系统上电就润滑的时间，仅控制第一次润滑时间。

定时器一共分为两种，T0～T63 以 10 ms 为单位，T64～T127 以 1 s 为单位。

T0～T63：定时时间＝H 参数的内部设定数值×10 ms。

T64～T127：定时时间＝H 参数的内部设定数值×1 s。

4. 冷却

（1）手动功能。

按“冷却”键，可打开或关闭冷却；单数下打开，双数下关闭。

（2）自动方式下手动功能失效。

（3）MDI 和自动功能。

在 MDI 和自动方式下，可执行 M08、M09 来打开、关闭冷却。

（4）与冷却有关的输出信号如表 6-21 所示。

表 6-21　冷却输出

功　能	I/O 转接模块输出信号名
冷却泵启动	O5

5. 换挡

仅在 MDI 和自动方式下，可执行 M41、M42 进行换挡。与挡位有关的输出信号如表 6-22 所示。

表 6-22　换挡输出

功　能	I/O 转接模块输出信号名
M41 挡位	O9
M42 挡位	O10

6. 急停

PLC 接到急停信号，把 PLC 输出置零，停止强电的动作，切断伺服动力电源，禁止数控系统执行运动类操作。

7. 复位

执行 M30 或按“复位”键，停止执行 M03、M04、M08 等功能。

8. 伺服动力电源控制

控制伺服动力电源的供电，可以延迟供给伺服动力电源，在急停和伺服类报警等情况下，可切断伺服动力电源。

与伺服动力电源有关的输出信号如表 6-23 所示。

表 6-23　伺服动力电源输出

功　能	I/O 转接模块输出信号名
伺服动力电源	O1

9. 报警检测

(1) 标准梯图提供了两路输入信号用于强电报警检测,检测点(正常态)可接收两路"常闭"信号。

- 第一路报警:I/O 转接模块输入信号点为 I12。

信号点接常闭点,该点断开时报警。

报警动作:PLC 输出置零,停止强电的动作;禁止数控系统执行加工程序,禁止伺服运动。

用途:可控制、提示紧急状态,例如主轴报警等。

- 第二路报警:I/O 转接模块输入信号点为 I13。

信号点接常闭点,该点断开时报警。

报警动作:仅显示报警提示信息,不影响 PLC 和系统的工作。

用途:可提示非紧急状态,例如润滑缺油等。

(2) 刀具未夹紧报警:I/O 转接模块输入信号点为 I10。

程序运行时,刀具松开报警。

报警动作:PLC 输出置零,停止强电的动作;禁止数控系统执行加工程序,禁止伺服运动。

用途:可控制、提示紧急状态。

(3) 解除报警。

检查强电,保证 I/O 转接模块输入信号点 I10、I12、I13 的状态符合信号正常工作要求。按"复位"键解除报警状态,系统重新投入工作。

(4) 报警号。

PLC 报警:625——开关信号 1 报警,对应 I/O 转接模块输入点 I12。

PLC 报警:626——开关信号 2 报警,对应 I/O 转接模块输入点 I13。

PLC 报警:628——刀具未夹紧报警,对应 I/O 转接模块输入点 I10。

PLC 报警:627——未回零报警。

10. M00 功能处理

在自动运行过程中,当执行到 M00 指令时,系统暂停程序运行,此时可以执行 M03、M04、M08 指令,按程序启动键继续运行。

当执行到 M00 指令时,PLC 控制系统自动停止主轴(是否停止主轴可由参数控制,详见参数 A40)、冷却运行,此时可进行手动换刀等手动操作。

在按程序键前一定要手动启动主轴运行,或编程时在 M00 的下一行指令中增加 M03、M08 指令,否则可能毁坏刀具和工件。

11. M01 功能处理

在本梯图中"选择停"按键开关可屏蔽 M01 指令。按"选择停"键,可使 M01 功能生效或无效；单数下生效，“选择停”键亮，双数下无效，“选择停”键灭。

(1) M01 指令生效状态。

在自动运行过程中，当执行到 M01 指令时，系统暂停程序运行，按启动键继续运行。PLC 控制系统自动停止主轴(是否停止主轴可由参数控制，详见参数 A40)、冷却运行，此时可进行手动换刀等操作。

(2) M01 指令无效状态。在 M01 指令无效状态下，系统不对机床主轴、冷却动作产生影响。

在按启动键前一定要手动启动主轴运行，或编程时在 M01 的下一行指令中增加 M03、M08 指令，否则可能毁坏刀具和工件。

12. 2000MA 标准梯图 PLC 参数的定义

如果要设置 PLC 参数，只需进入 A 参数，找到参数 A40(PLC 参数)即可设置 PLC 参数。下面介绍的 PLC 系统参数的定义仅适用于本标准梯图。用户自己编制梯图可自行定义。

(1) 外接手持盒设置。

外接手持盒时必须把 A 参数的 A40 和 A94 的相应位置 1，外接手持盒才能有效。参数 A94 和 A40 是 8 位二进制码，最左边为 D7，最右边为 D0。格式如下：

D7	D6	D5	D4	D3	D2	D1	D0

- 参数 A94 的 D0 用来确定外接手持盒的有效状态：

D0=0 时，手持盒无效；

D0=1 时，手持盒有效。

- 参数 A40 的 D2 用来确定外接手持盒的有效状态：

D2=0 时，手持盒无效；

D2=1 时，手持盒有效。

(2) 报警参数设置。

- 参数 A40 的 D0 用来屏蔽 I12 开关信号 1 报警：

D0=0 时，I12 开关信号 1 报警信号有效；

D0=1 时，屏蔽 I12 开关信号 1 报警。

- 参数 A40 的 D1 用来屏蔽 I13 开关信号 2 报警：

D1=0 时，I13 开关信号 2 报警信号有效；

D1=1 时，屏蔽 I13 开关信号 2 报警。

- 参数 A40 的 D7 用来屏蔽未回零报警：

D7=0 时，未回零报警信号有效；

D7=1 时，屏蔽未回零报警信号。

6.3 PLC 显示

PLC 显示状态可以在自动方式或者手动方式下进入，主要是用来监控机床 I/O 点和系统内部交换信息的状态，并且能够查看 PLC 和软件的版本信息。系统在自动方式或手动方式下，【K6】键的位置显示“PLC 显示”。如果自动方式下【K6】键的位置未显示“PLC 显示”，请用【K7】键“菜单翻页”切换菜单。按【K6】键进入，PLC 显示方式默认为 I～Q 区即显示系统输入状态。以 2000MA 铣床为例，PLC 状态显示画面如图 6-1 所示，屏幕的下方为 PLC 和软件的信息，方便用户查看。

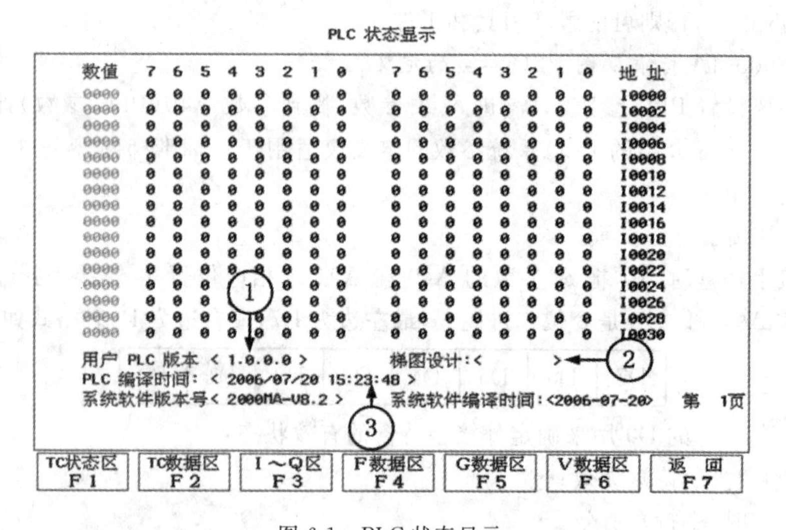

图 6-1　PLC 状态显示

6.3.1 PLC 信息

(1) 用户 PLC 版本：显示 PLC 的版本号，系统在出厂时会根据不同的用户编写不同的版本号，一般情况下用户没有特殊要求时使用标准梯图。

2000MA 铣床系统 PLC 的版本号应该为 11.0.0.x；

2000TA 车床系统 PLC 的版本号应该为 14.0.0.x。

(x 为 1～255 的数字，根据版本号的升级而改变。)

(2) 梯图设计：显示 PLC 设计人员的名字。

(3) PLC 编译时间：PLC 程序的生成时间，方便设计人员查看日期。

6.3.2 切换 PLC 显示内容

【F1】键(TC 状态区)：定时器/计数器状态显示(每个位代表一个定时器/计数器的状态信息，即定时器或计数器的逻辑值)。

【F2】键(TC 数据区):定时器/计数器数据显示(每个字(16 位)代表一个定时器/计数器的当前数值信息)。

【F3】键(I～Q 区):输入点和输出点信息(可通过【PgDN】和【PgUP】进行 I 区、Q 区切换)。

【F4】键(F 数据区):CNC 到 PLC 信息交换区。

【F5】键(G 数据区):PLC 到 CNC 信息交换区。

【F6】键(V 数据区):中间单元。

以上信息一般通过【F1】～【F6】键快速定位到功能区后,再通过【PgDN】和【PgUP】翻到相应的 PLC 页进行显示。

6.3.3 查看 PLC 输入点状态

2000MA 系统提供 32 个机床 I/O 输入点,2000TA 系统提供 20 个机床 I/O 输入点。

在进入“PLC 显示”页面时默认显示输入点状态,以 2000MA 铣床为例,如图 6-2 所示。

PLC 状态显示

数值	7	6	5	4	3	2	1	0	7	6	5	4	3	2	1	0	地址
0000	0	0	0	0	0	0	0	0	0	0	0	0	0	0	0	0	I0000
0000	0	0	0	0	0	0	0	0	0	0	0	0	0	0	0	0	I0002
0000	0	0	0	0	0	0	0	0	0	0	0	0	0	0	0	0	I0004
0000	0	0	0	0	0	0	0	0	0	0	0	0	0	0	0	0	I0006
0000	0	0	0	0	0	0	0	0	0	0	0	0	0	0	0	0	I0008
0000	0	0	0	0	0	0	0	0	0	0	0	0	0	0	0	0	I0010
0000	0	0	0	0	0	0	0	0	0	0	0	0	0	0	0	0	I0012
0000	0	0	0	0	0	0	0	0	0	0	0	0	0	0	0	0	I0014
0000	0	0	0	0	0	0	0	0	0	0	0	0	0	0	0	0	I0016
0000	0	0	0	0	0	0	0	0	0	0	0	0	0	0	0	0	I0018
0000	0	0	0	0	0	0	0	0	0	0	0	0	0	0	0	0	I0020
0000	0	0	0	0	0	0	0	0	0	0	0	0	0	0	0	0	I0022
0000	0	0	0	0	0	0	0	0	0	0	0	0	0	0	0	0	I0024
0000	0	0	0	0	0	0	0	0	0	0	0	0	0	0	0	0	I0026
0000	0	0	0	0	0	0	0	0	0	0	0	0	0	0	0	0	I0028
0000	0	0	0	0	0	0	0	0	0	0	0	0	0	0	0	0	I0030

用户 PLC 版本 < 1.0.0.0 > 梯图设计:< 何伟丽 >
PLC 编译时间: < 2016/01/20 15:23:48 >
系统软件版本号 < 2000MA-V3.2 > 系统软件编译时间:<2016/01/20> 第 1页

TC状态区 F1	TC数据区 F2	I～Q区 F3	F数据区 F4	G数据区 F5	V数据区 F6	返 回 F7

图 6-2 机床输入点状态显示

图 6-2 中方框中的部分显示的是机床 I/O 输入点,共 32 个点。其他部分为机床操作面板输入点,具体定义可以参考连接维修说明中的 PLC 定义部分,这里不做说明。图 6-3 所示为 I1～I32 点的分布图,对应系统 I/O 模块的 I1～I32 点。输入点在有效的状态下相应点位应为“1”,无效状态下相应点位为“0”,I1～I32 点的具体定义请参照 PLC 的 I/O 表。

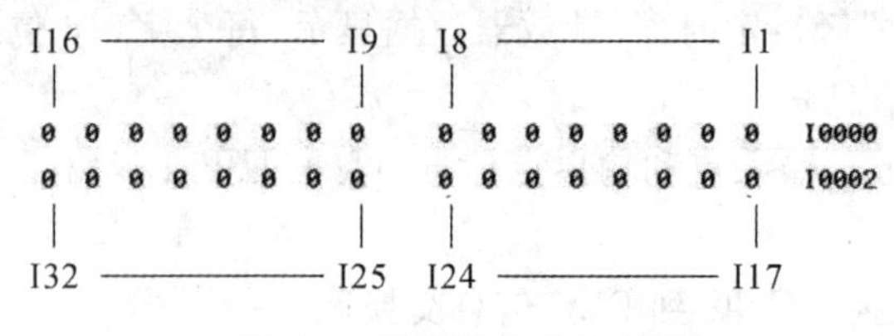

图 6-3 机床输入点分布图

6.3.4 查看 PLC 输出点状态

2000MA 系统提供 24 个机床 I/O 输出点,2000TA 系统提供 16 个机床 I/O 输出点。

在进入"PLC 显示"页面时默认显示输入状态,这时按下翻页键可进入输出状态监视画面,以 2000MA 铣床为例,如图 6-4 所示。

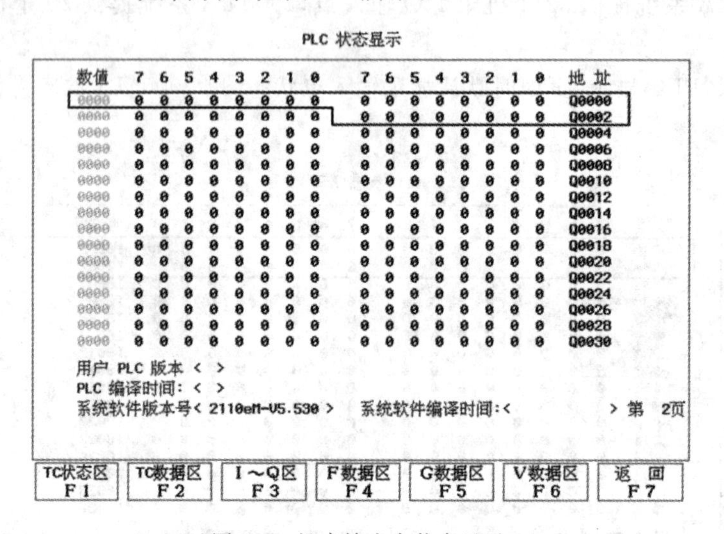

图 6-4 机床输出点状态显示

图 6-4 中框中的部分显示的是机床 I/O 输出点,共 24 个点。其他部分为机床操作面板输出点,具体定义可以参考连接维修说明中的 PLC 定义部分,这里不做说明。图 6-5 所示为 O1～O24 点的分布图,对应系统 I/O 模块的 O1～O24 点。输出点在有效的状态下相应点位应为"1",无效状态下为"0",O1～O24 点的具体定义请参照 PLC 的 I/O 表。

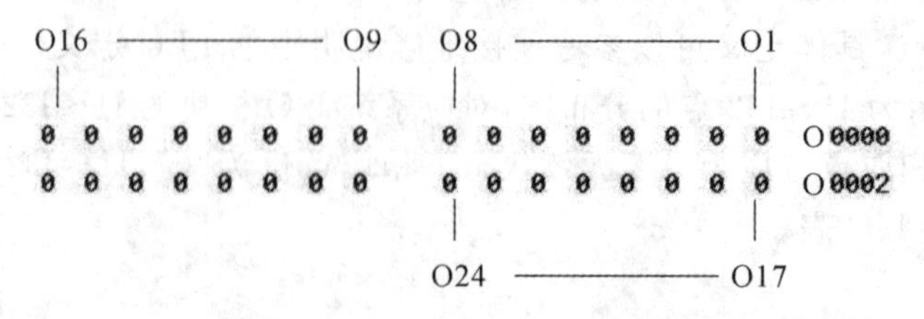

图 6-5 机床输出点分布图

6.4 PLC 软件的更新

2000TA 车床数控系统编程环境符合 IEC 61131-3 标准，用户可以在上位机使用 EasyProg_HTSK 编程软件进行逻辑动作的编辑，再通过 U 盘传输到系统中。2000TA 系统为用户提供了一个传输软件，可以通过简单的操作来更新 PLC，以满足用户的要求。下面介绍一下传输方法，以及传输软件的使用。

(1) 用户使用 EasyProg_HTSK 编程软件编译 PLC 程序，编译后在 PLC 目录中会产生一个名为 21et.obj 的文件，如图 6-6 所示。

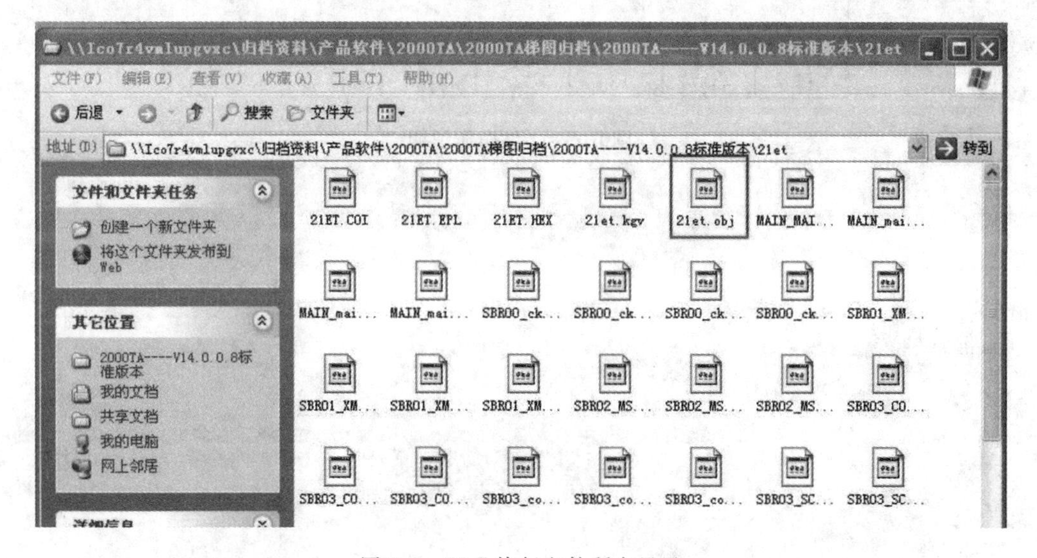

图 6-6 PLC 执行文件所在目录

(2) 把 21et.obj 文件拷贝到 U 盘根目录下。

(3) 将系统断电，插上 U 盘，然后给系统上电，此时系统会出现一个启动菜单，用第二项来加载 USB 驱动程序启动系统。

(4) 进入系统后在自动画面下按【Shift+F1】键(一起按)退出系统，此时画面会显示“C:\21ET>_”，键入“U”进行软件传输，如图 6-7 所示。

(5) 按【F1】键输入密码“2000”，系统提示“密码输入正确”。

(6) 按照提示按【F2】键进行 PLC 的更新，如果成功，系统提示“更新成功”，如果失败，请返回第(3)步用菜单第一项启动，再按照下面的步骤进行更新。

在更新系统 PLC 程序的时候请按照上述的步骤操作，如操作不当系统将不能正常工作。

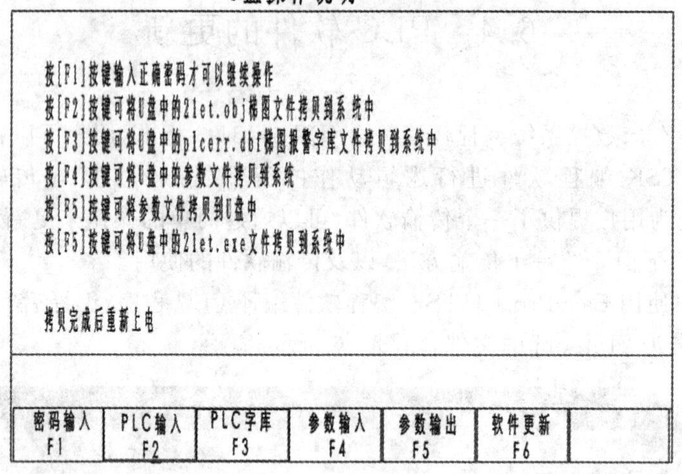
U盘操作说明
按[F1]按键输入正确密码才可以继续操作
按[F2]按键可将U盘中的21et.obj梯图文件拷贝到系 统中
按[F3]按键可将U盘中的plcerr.dbf梯图报警字库文件拷贝到系统中
按[F4]按键可将U盘中的参数文件拷贝到系统
按[F5]按键可将参数文件拷贝到U盘中
按[F5]按键可将U盘中的21et.exe文件拷贝到系统中
拷贝完成后重新上电
密码输入 F1
PLC输入 F2
PLC字库 F3
参数输入 F4
参数输出 F5
软件更新 F6

图 6-7　U 盘操作说明

第2篇　数控系统故障诊断与维护手册

第7章 故障诊断与分析

7.1 故障与故障分析

故障是指在数控装置联机或运行过程中发生的导致数控装置丧失全部或部分规定功能的现象。由于数控装置结构复杂,产生故障的原因涉及软件、硬件、外部、人为等各种因素,所以当故障发生时,正确的分析是排除故障的关键。故障发生前,往往会发生各种征兆,如:发出声音、振动、温度升高、报警等。在系统的使用过程中,为了方便分析和排除故障,应保留设备的原始资料,还要随时记录机床运行情况及故障出现时数控系统的操作方式、故障现象、液晶屏幕上显示的报警号等。这些记录可为后续分析原因、查找故障提供重要的依据。

数控机床发生故障时,操作人员应首先停止运行机床,保护现场,然后对故障进行尽可能详细的记录,并及时通知维修人员。

1.故障记录

维修人员通过收集的资料进行综合分析、推理判断是故障排除的关键,故障记录可为维修人员尽早排除故障提供重要依据,所以发生故障时首先要对故障进行记录,并保证故障记录尽可能详细。记录内容最好包括下述几个方面。

1)故障发生时的状态

(1)发生故障的机床型号、系统型号、软件梯图版本号等。

(2)发生故障时系统所处的操作方式,如:自动方式、手动方式、MDI方式(手动数据输入方式)、手轮方式、手动增量方式等。

(3)在发生故障时,若系统有报警显示,则记录系统的报警显示信息与报警号,并尽可能详细地记录下机床发生故障时所处的工作状态。如:系统是否在执行M、S、T等功能,系统是否处于暂停状态或是急停状态,进给倍率是否为0%等。

(4)记录发生故障时各坐标轴的倍率、速度、移动方向,以及主轴转速、主轴正反向等。

(5)若故障在自动方式下发生,则应记录发生故障时的加工程序号、出现故障的程序段号和加工时的刀号等。

(6) 若发生加工精度不准或加工尺寸不合格等故障,应记录下加工工件号,并保留不合格工件。

(7) 记录发生故障时各坐标轴的跟踪误差的数值。

(8) 记录故障的现象、发生故障的部位,以及发生故障时机床与控制系统的状态,如:是否有异常声响、冒烟现象、特殊气味等。

2) 故障发生时的相关因素

(1) 故障发生的时间与频率,如:故障是发生在开机时还是运行一段时间后,是偶尔发生还是经常发生等。

(2) 故障发生时的环境因素,如:周围是否有干扰,是否在用电高峰期等。

(3) 若是在加工零件过程中发生的故障,则应记录相同种类工件加工时发生故障的概率情况。

(4) 检查发生故障时是否在执行"钻孔循环"或"螺纹切削"等特殊动作。

3) 故障发生的规律

(1) 在保证人员安全和设备安全的情况下,可以使故障现象重现,以便找出故障原因。

(2) 如果故障是在某固定程序段出现,可利用机床锁住、空运行状态检测程序,也可用 MDI 方式单独执行该程序段,检查是否存在同样的故障。

(3) 如果怀疑机床故障与机床动作有关,在条件允许的情况下,应检查在手动情况下执行该动作是否也有同样的故障发生。

(4) 检查故障是否与机床周围的环境有关。

4) 故障发生时的外界条件

(1) 用发生故障时的温度是否超过说明书规定的温度范围来判断是否是局部温度过高引起的故障。

(2) 检查故障发生时电气柜内是否有切削液、润滑油、水等物质。

(3) 检查故障发生时电压是否是系统允许的范围。

(4) 检查故障发生时是否在运行大功率设备。

(5) 检查故障发生时,机床附近是否有强电磁干扰源,如正在工作的吊车、高频机械、电焊机等。

(6) 检查故障发生时,周围是否有强烈的振动。

2. 故障分析

引起故障的原因一般有机械故障、电气故障、环境因素、软件因素、操作因素等,系统发生故障后,如果故障持续存在,应及时与维修部门联系,以便尽快修复。切勿盲目拆卸、调试,以免造成更大的故障和损失。与维修部门联系时,要准确说明数控机床的型号,数控系统的名称、型号、软件梯图版本号、出厂的序列号,以及是否有备件等信息。同时也应该详细说明故障情况,以便维修人员做好充分准备,快速排除故障。下面以几个故障现象为例进行说明,以供参考。

1）机床定位不准

判断机床是所有轴定位不准还是某一轴定位不准；定准误差有多大，每次定位是否有规律；定位不准现象是发生在自动方式下还是手动方式下，还是两种方式下都有发生。

2）机床发生特殊振动

机床振动是发生在所有轴还是某一轴；故障在什么时间发生，是电源接通时立即发生还是在进给轴运行时发生，或仅在轴加速、减速时发生。

3）数控系统有报警或机床动作异常

发生故障时的报警号及报警内容；故障发生时机床所处状态，如数控机床正在进行什么方式的操作，是自动或手动方式，还是手轮方式；机床状态，如快速运行、打孔、切削进给等非正常状态以及实际速度值；在自动运行中发生故障时，应说明运行程序是已加工过的老程序还是未加工过的新程序；故障的发生是偶然的，还是有规律的，以及重复发生的次数规律；故障的发生是否受外界条件影响，如突然停电、刮风或打雷等；故障发生时数控系统存储的参数是否在参数标准范围内等。

4）伺服单元故障

记录报警号或伺服单元报警指示灯的点亮情况；发生报警的轴；电动机的型号等。

7.2 故障分类及举例

1. 数控系统故障

1）硬件故障

硬件故障是指在设备运行中，由于不明原因使数控系统出现硬件的损坏，导致机床停机。当出现这类故障时，首先必须了解该数控系统的工作原理及各线路板的功能，然后根据故障现象进行分析，在有条件的情况下用其他设备上好的部件来替换坏的部件，以判断故障出现的原因。

例 1　数控系统开机后，按键无效，其加工程序不能输入，自动加工无法进行。经检查确认为数控系统键盘出现问题，维修后，故障消除。

例 2　数控机床发生故障，工作时系统经常死机，停电时经常丢失机床参数和程序。经检查发现主板 CF 卡松动，经重新插牢固定后，系统恢复正常。

2）软件故障

数控机床有些故障是由数控系统机床参数引起的，有时是因设置不当，有时是因意外使参数发生改变或出现乱码，这类故障只要调整好参数，就会自然消失。还有些故障是由于偶然原因使数控系统处于死循环状态，这类故障有时必须采取断电重新启动的方法来恢复系统的使用。

例3 数控机床每次开机都发生死机现象,任何正常操作都不起作用。采取重新初始化参数的方法,将系统参数恢复出厂设置后,系统恢复正常,机床可以正常使用。这个故障就是由机床参数混乱造成的。

例4 数控机床出现问题,每次开机系统都进入自动状态,不能进行任何操作,系统出现死循环状态。经过更换键盘板按键后,系统恢复正常工作。这个故障是因自动方式按键处于一直按压状态,从而使数控系统处于死循环状态。

3) 其他原因引起的数控系统故障

发生故障的原因多种多样,有时供电电源出现问题或缓冲电池失效也会引起系统故障。

例5 在自动加工过程中,系统突然掉电,测量其5 V直流供电电源,发现只有4 V左右。电网电压向下波动时,引起该电压降低,导致数控系统采取保护措施,自动断电。经检查确认为整流变压器匝间短路,造成容量不够。更换新的整流变压器后,故障排除。

例6 当系统加上电源后,系统开始自检,当自检完毕进入基本画面时,系统掉电。经分析和检查,发现X轴抱闸线圈对地短路。系统自检后,伺服条件准备好,抱闸通电释放。抱闸线圈采用24 V电源供电,由于线圈对地短路,致使24 V电压瞬间下降,数控系统采取保护措施自动断电。

2. 伺服系统的故障

由于数控系统的控制核心是对机床的进给部分进行数字控制,而进给是由伺服单元控制伺服电动机带动滚珠丝杠来实现的,并由旋转编码器作位置反馈元件,形成半闭环的位置控制系统。所以伺服系统在数控机床上起的作用相当重要。伺服系统的故障一般都是由编码器、伺服控制单元、伺服电动机等出现问题引起的。下面介绍几例这类故障。

例7 数控车床的刀塔出现故障,转动不到位,并出现报警。根据分析,刀塔转动是由伺服电动机驱动的,电动机一启动,伺服单元就产生过载报警,切断伺服电源,并反馈给数控系统,显示报警。检查机械部分,更换伺服单元都没有解决问题。更换伺服电动机后,故障被排除。

例8 数控磨床,X轴回参考点出现问题。X轴正常状态能回参考点,但在自动修整或半自动时,运动速度快,直到撞到限位开关才能停止。观察发生故障的过程,发现撞限位开关时,其显示的坐标值远小于实际值,因此断定是位置反馈的问题。但更换反馈板和编码器都未能解决问题。之后仔细研究发现,X轴修整器是由Z轴带动运动的,一般回参考点时,X轴都在Z轴的一侧,而修整时,X轴修整器被Z轴带到中间。为此我们做了这样的试验,将X轴修整器移到Z轴中间,然后回参考点,这时回参考点也出现失控现象。由此我们判断可能是由于X轴修整器经常往复运动,导致Z轴反馈电缆损伤,从而使接触不良。经过更换Z轴电缆,机床恢复工作。

3. 外部故障

现在数控系统的可靠性越来越高，故障率越来越低，很少发生故障。大部分故障都是除系统之外的故障，是由外部原因引起的。

1）操作不当引起的故障

现代的数控设备都是机电一体化的产品，结构比较复杂，保护措施完善，自动化程度非常高。有些故障并不是硬件损坏引起的，而是由于操作、调整、处理不当引起的。这类故障在设备使用初期发生的频率较高，主要与操作人员和维护人员对设备都不是特别熟悉有关。

例 9 某数控铣床，在刚投入使用的时候，旋转工作台经常出现工作台不旋转的问题，经过对机床的分析，发现这个问题与分度装置有关，只有分度装置在起始位置时，工作台才能旋转。

例 10 某数控铣床发生打刀事故，按急停键后，换上新刀，但工作台不旋转。通过 PLC 梯图分析，发现其换刀过程不正确，计算机认为换刀过程没有结束，不能进行其他操作。按正确程序重新换刀后，机床恢复正常。

例 11 某数控机床在刚投入使用的时候，出现意外情况，操作人员按急停键后，将系统断电重新启动，这时机床不回参考点，必须经过一番调整，有时需手工将轴扳到非干涉区。后来吸取教训，按急停键后，将操作方式变为手动，再松开急停键，把机床恢复到正常位置，这时再操作或断电，就不会出现问题。

2）由外部硬件损坏引起的故障

这类故障一般都是由于机械装置、检测开关、液压系统、气动系统、电气执行元件等出现问题引起的。大部分故障可产生报警，通过报警信息，可查找故障原因。

例 12 某数控系统出现故障报警，显示主轴冷却系统有问题，而检查冷却系统发现并无问题。查看 PLC 梯图，得知这个故障是由流量检测开关 I3.6 检测出来的，检查这个开关，发现开关已损坏，更换新的开关，故障消失。

例 13 某数控机床出现报警，机床不能工作。报警信息显示，淬火液面不够，检查发现液面已远远超出最低水平，检测液位开关，发现是液位开关出现问题，更换新的开关，故障消除。

有些故障虽有报警信息，但并不能反映故障的根本原因。这时要根据报警信息、故障现象来分析。

例 14 某数控机床 X 轴在回参考点时，X 轴旋转但没有找到参考点，而一直运动，直至压到极限开关，数控系统显示报警。根据故障现象分析，可能是零点开关有问题，经确认是零点开关损坏，更换新的开关，故障消除。

例 15 某数控铣床，在零件批量加工过程中发生故障，故障每次都发生在零件已加工完毕，Z 轴后移还没到位之时。这时出现故障，加工程序中断，主轴停转，并显示报警，指示主轴有故障。经检查，判断主轴系统并无问题，其他故障也可导致主轴停转，于是我们监视 PLC 梯图的运行状态，发现刀具液压卡紧压力检测开关在出现故障时瞬间断开，它的断开表示铣刀卡紧压力不够，为安全起见，PLC 使主轴停转。经检查，发现液压压力不稳，调整液压系统，使之稳定，故障被排除。

还有些故障不产生故障报警，只是动作不能完成，这时就要根据维修经验、机床的工作原理、PLC 的运行状态来判断故障。

例 16 某数控机床出现故障，负载门关不上，自动加工不能进行，而且无故障显示。这个负载门是由气缸来完成开关的，关闭负载门是 PLC 输出信号控制电磁阀来实现的。用数控系统的 PC 功能检查 PLC 信号的状态，其状态为 1，但电磁阀没有通电。原来 PLC 输出信号通过中间继电器控制电磁阀，中间继电器损坏引起了这个故障，更换新的继电器，故障被排除。

发现问题是解决问题的第一步，特别是对数控机床的外部故障，有时诊断过程会比较复杂，但是找到问题所在，解决起来就比较轻松。对外部故障的诊断，我们总结出两点经验：首先应熟练掌握机床的工作原理和动作顺序；其次要熟练运用厂方提供的 PLC 梯图，利用数控系统的状态显示功能或用外部编程器监测 PLC 的运行状态，根据梯图的互锁关系，可确定故障点。只要做到以上两点，一般数控机床的外部故障都能及时排除。

7.3 故障现象的分析

本节主要是以 CASNUC 2000 系统为例，对数控系统故障现象产生的原因和故障情况进行具体分析，并给出相应的故障排除方法。

故障现象 1 系统出现 X(Y、Z)正向限位报警或 X(Y、Z)负向限位报警。

1) 产生原因

系统出现限位报警时主要有以下几点原因。

(1) 机床运动时限位挡块碰到限位开关。

(2) 机床回零后，加工过程中运行到了软限位的位置。

(3) 限位开关器件或其连线故障。

(4) 与限位信号相关的＋24 V 电源故障。

(5) 数控系统的 I/O 板与限位输入点相关的电路故障。

(6) 限位开关接线时，将应接在常闭点的线接在常开点上，从而造成不能进行限位报警的故障。

2) 故障情况

系统主要在以下几种情况时出现限位报警。

(1) 第一种情况：在自动执行程序过程中或手动移动坐标时发生限位报警，此时所有进给伺服停止运动。一般出现限位报警，需要退出自动方式，在手动方式下退出报警区。执行程序时出现限位报警，应检查加工程序是否超出了工作区域、限位设置是否合理。

在退出限位之前，建议进行下面①和②项检查：

① 限位挡块是否碰到限位开关；

② 是否到了软限位限定的位置；

③ 如不是①和②所述原因，请检查限位开关是否出现故障；

④ 如不是①～③所述原因，应检查限位开关与数控系统之间的连线；

⑤ 检查与限位相接的 24 V 电源；

⑥ 如不是①～⑤所述原因，应检查数控系统与限位的接口电路。

(2) 第二种情况：一般发生在机床重新进行接线以后，一旦发生限位报警，就无法退出限位报警状态，且限位报警方向或报警轴与实际不符。此时应该检查限位开关方向或限位信号与轴的对应关系是否有误。

(3) 第三种情况：不能进行正常的限位报警。

此时要检查限位开关有关部分的工作状态。

在 CASNUC 2000 系统中，手按相应限位开关，通过 PLC 显示画面检查相应输入点的状态，如果可以出现 0—1 的变化，表明输入电路正常(限位开关进水可能造成开关失灵)。

限位开关的输入信号是由梯图定义的，详见梯图说明。CASNUC 2000 系统中限位开关定义如表 7-1 所示。

表 7-1　限位开关定义

PLC 显示(位地址)	I/O 模块输入点号	用　途
I0.0	I1	X 轴正向超程
I0.1	I2	X 轴负向超程
I0.2	I3	Y 轴正向超程
I0.3	I4	Y 轴负向超程
I0.4	I5	Z 轴正向超程
I0.5	I6	Z 轴负向超程

3) 处理方法

在上述现象出现时，我们可以采取下面的排除方法。

(1) 对于运动中造成的超程报警，解除报警的方法是，在手动方式下向与报警方向相反的方向移动报警轴。一定要确认软、硬限位的正确性，避免因设置不当而出现的不确定因素。

(2) 检查限位开关是否有问题。

(3) 如果限位开关与数控系统的连线有问题，请维修连线。

(4) 检查 24 V 电源。

(5) 检查数控系统与限位接口相关的电路。

(6) 更改接错的连线。

(7) 若限位开关与挡块之间的位置发生变化，造成限位功能不正常，此时应该调整限位挡块；若限位开关进水而不能正常断开，此时不仅应该清除开关中的水，更应该采取防止开关进水的措施。

故障现象 2 程序指令错误。

1) 产生原因

程序中有非法字母或语法错误。

2) 处理方法

进入自动执行模式，如果存在已经选中的加工程序，系统马上就对该程序进行语法检查，如果加工程序存在语法错误，则发出“程序指令错误”报警，同时禁止执行该程序，直至错误被消除；此时，进入程序编辑模式，对照操作说明检查程序，修正加工程序中的语法错误。

故障现象 3 X(Y、Z、A、B)轴反馈线断。

1) 产生原因

数控系统通过断线检测电路检测到断线信号。

2) 故障说明

报警时，屏幕右下方显示“X(Y、Z)轴反馈线断”，伺服电动机使能信号被切断。

3) 故障检查

(1) 使用传统伺服的检查(编码器直接连到系统)。

① 检查反馈电缆是否接好，插头是否松动；

② 检查反馈电缆中间是否断线，此种情况有时表现为报警轴运动到某个固定位置时容易发生报警；

③ 检查编码器是否损坏；

④ 检查数控系统编码器检测电路是否有故障，可以使用如下方法判定故障原因：

- 断电状态，将两轴伺服驱动线断开；
- 从主机端将 X 轴与 Z 轴反馈线对调；
- 加电。

如果数控系统报警信息不变，则一般表明数控系统编码器检测电路有故障(电缆插头已检查过)。

如果数控系统断线报警变成另一个轴的断线报警，则说明故障在电缆或编码器。这种情况应再进一步确认是电缆故障还是编码器故障。

如果故障消失，则表明存在插头接触不良或电缆线的问题。

(2) 使用数字伺服的检查(编码器与伺服相接的类型)。

① 检查数控系统到伺服的控制电缆是否接好，插头是否松动；

② 用测试插头替换伺服插头，如果报警消失，说明系统正常，故障在电缆或伺服，否则说明检测电路有故障；

③ 在允许的情况下，互换 X、Y、Z 轴的控制线，如果报警信息变成另一个轴，则是电缆故障，如果报警信息不变，则判断是检测电路或伺服故障。

4）处理方法

在处理方法上分三种。

（1）对于传统伺服进行如下处理：

- 重新接好或更换反馈电缆；
- 更换编码器；
- 检查控制电缆插头及电缆是否良好，更换接口板或维修数控系统编码断线检测电路（此电路在接口板上）。

（2）对于数字伺服进行如下处理：

- 重新接好或更换控制电缆；
- 检查控制电缆插头及电缆是否良好，更换接口板或维修数控系统编码断线检测电路（此电路在接口板上）。

（3）测试插头。

故障现象 4　X(Y、Z、C)轴伺服未准备。

1）产生原因

（1）负载超过驱动器的能力，驱动器正常保护。

（2）给定电缆断线。

（3）给定电缆未接好。

（4）位置板＋24 V 电源故障。

（5）位置板＋24 V 电源线未接好。

（6）伺服驱动器故障。

（7）伺服电动机故障。

（8）位置板伺服状态监测电路故障。

（9）编码器故障（一般这种情况的出现是使用了数字伺服，此时编码器出现故障将会产生伺服未准备报警）。

2）故障说明

报警时，屏幕右下方显示“X(Y、Z、C)轴伺服未准备”，伺服电动机使能信号被切断。

3）故障检查

（1）对于驱动器正常保护，应该检查机械部分有无异常现象。可将电源关闭，用手去盘动相关机械部分，以便发现故障。

（2）如果不是机械故障，在断电的情况下，将伺服电动机断开，重新加电，如果报警消除，则应进一步确定是电动机、驱动电缆故障还是驱动器故障。

(3) 在可能的情况下,使用测试插头是比较方便的办法。测试插头插到报警轴的插座上,报警依旧,则说明数控系统出现故障;在 3000H 数控系统中,检测电路在接口板上,如果报警消除了,说明是电缆或伺服故障,须再进一步检查确定。

(4) 如果没有测试插头,在保证安全的前提下,可以互换两轴伺服驱动,如果“伺服未准备”故障报警显示换成另一个轴,一般是伺服、电缆或电动机等互换轴的部件故障。

(5) 如果“伺服未准备”故障报警显示还是和刚才相同,一般是伺服驱动器以外未曾检测到的部位的故障。例如数控系统的伺服检测电路故障,伺服电动机故障,与检测电路连接的 24 V 电源及连线故障等。

(6) 如果按步骤(3)检查时,故障消失,则最大的可能是插头接触不良或电缆中间有断线的现象。

(7) 通过检查编码器连线,确认是编码器故障还是相关连线故障。

(8) 伺服电动机检查方法:首先检查电动机是否进水,确认编码器是否进水,还可以进行线圈绝缘、通导等常规检查,有条件时用可替换的伺服电动机进行替换验证。验证时一定要防止出现其他安全方面的问题。

4) 处理方法

(1) 排除机械故障。

(2) 对照连线表维修或更换给定电缆。

(3) 将电缆接好。

(4) 更换或维修位置板+24 V 电源。

(5) 接好 24 V 连线。

(6) 更换或维修伺服驱动器。

(7) 更换或维修伺服电动机。如果是因为进水造成电动机、编码器故障,除了应维修或更换故障部件以外,还应该排除产生故障的原因。

(8) 如果出现检测步骤(5)中的情况,则应更换电缆或更换有问题的插头,以排除隐患。

故障现象 5 主轴错误。

1) 产生原因

CASNUC 2000 系统主轴执行恒线速的功能时计算出错。加工程序中,执行恒线速功能后,X 轴指令出现负值,致使无法计算主轴速度。

2) 故障说明

报警时,屏幕上 X 轴的坐标值显示为 0 或负值。

3) 故障检查

(1) 检查加工程序的工件坐标系设置,X 轴在加工中任何情况下最小值应大于等于 0。

(2) 如果工件坐标系正确,应继续检查零件程序本身,尤其是使用增量值编程时，应注意是否存在 X 轴出现负值的问题。

4）处理方法

(1) 如果是坐标系设置不对，应重新设置坐标系，最好使旋转中心的 X 坐标值等于 0。

(2) 修改加工程序。

故障现象 6 溢出。

1）产生原因

锥螺纹的切削锥角大于等于 90°，半角大于等于 45°。

2）故障说明

加工程序执行螺纹程序时，如果锥螺纹的切削锥角大于等于 90°，半角大于等于 45°时，系统报警，停止执行程序，此时应检查螺纹程序。

3）处理办法

修正加工程序；系统重新上电。

故障现象 7 螺距错误。

1）产生原因

系统参数中的螺距值为非法螺距。例如 CASNUC 2000 车床系统中合法螺距范围：X 轴是 500～18000 μm；Z 轴是 1000～36000 μm。这里的螺距指的是机床丝杠螺距参数。

2）故障说明

当发生故障时，系统右下方显示报警信息，同时电动机使能信号切断。此时应该进入系统参数方式，检查螺距参数。例如 CASNUC 2000 参数 D17：X 轴螺距(半径值)。

3）处理办法

修改错误参数，重新加电。

故障现象 8 螺纹过速。

1）产生原因

主轴转速与螺纹导程的乘积超过数控系统限速值允许的速度。

2）故障说明

加工程序执行到螺纹程序段时产生报警。当发生故障时，螺纹程序中螺纹导程、主轴转速与系统各轴的最高速度应满足：

$$S \times F \leqslant Z\text{轴限速值} \quad \text{或} \quad S \times F \leqslant X\text{轴限速值}$$

式中：S 为主轴转速；

F 为螺纹导程。

3）处理办法

降低主轴转速，使其满足上面的关系式。如果机床和伺服驱动器都允许，可以提高系统的 G0 限速值，但是也必须满足伺服最高速度、螺纹导程与主轴转速之间的关系式。

故障现象 9 急停报警。

1）产生原因

数控系统检测到急停信号。

2）故障说明

报警时，屏幕右下方显示“急停”，伺服电动机被释放。

3）故障检查

系统出现急停报警时应检查以下几点。

（1）所有急停开关是否有被压下的情况。

（2）检查急停开关，正常情况下触点应该常通。

（3）检查与急停回路相连的＋24 V电源是否正常。

（4）对照电路图检查急停接线是否良好。

（5）检查数控系统急停信号接收电路是否损坏。

故障现象10　X(Y、Z)轴跟踪误差过大。

1）产生原因

当数控系统命令电动机运行，电动机不动或是数控系统检测到的速度与命令之间的误差超过允许的范围，系统报警“跟踪误差过大”。

2）故障说明

跟踪误差过大一般出现在数控系统使电动机运动的过程中，如果电动机的运行速度比数控系统要求的慢，屏幕右下方显示此报警，伺服使能被断开。

3）故障检查

（1）检查伺服驱动输出的连线是否接通。

（2）检查伺服驱动器的主回路供电是否正常。

（3）检查给定电缆线或插头接触是否良好。

（4）验证电动机编码器反馈到数控系统的数据是否正常。验证步骤为：低速运行电动机，观察脉冲锁存是否正常。例如在CASNUC 2000系统的手动或自动方式下，选择“脉冲转存”界面。

编码器转一圈，反馈脉冲数等于编码器分辨率的4倍，即如果编码器的分辨率为2500，电动机转一圈数控系统的反馈数据应为10000，此时，如果参数中的编码器线数也是2500，当电动机转过第一圈，锁存数据就确定了，脉冲锁存的数据不应该再有累计的变化（但如果电动机反向转动，在反向转的第一圈，锁存脉冲可能变化，但一般变化值不大于5）。否则此反馈回路存在问题，比如编码器参数不对、编码器故障、反馈检测电路故障等。

（5）检查数控系统参数中的高速限速值是否超出了电动机允许的速度。一般数控系统的高速限速值应小于或等于电动机的额定转速与等效丝杠螺距的乘积。

（6）编码器参数填写不对造成电动机实际超速运行。此时一般是指令距离与实际距离不相等，造成位置误差过大。

（7）伺服的增益过小也是造成跟踪误差过大的原因之一。

(8) 高速运行时经常发生此类报警,一般是由于电动机的转矩与实际转矩不匹配。也就是说,电动机的转矩小于实际的转矩。原因可能是机械故障,也可能是供电电压低导致伺服电动机输出转矩减小,或直流电动机的碳刷部位没清理而造成的电动机出力不足。

(9) 承受位置不同导致的频率不同。这种情况往往是机械故障造成的,可用手盘动丝杠,检查是否有明显力矩增大或力矩不均现象。

(10) 加电后电动机"不受控"而产生运动。检查 VCMD 信号、反馈信号等,如果都正常,可判伺服故障。

(11) 如果故障轴有抱闸,检查相关电路是否正常。

(12) 不加电时,如果故障轴有抱闸且已经采取措施松开,电动机仍无法手动转动,则是电动机或机械故障(此操作一定要小心,必须采取预防措施防止溜车)。

4) 处理方法

针对上述故障可以采取以下几种解决问题的处理办法。

(1) 接好驱动电缆。

(2) 维修伺服驱动器的供电回路。

(3) 维修给定电缆线或插头。

(4) 维修电动机编码器。

(5) 修改数控系统的参数值。

(6) 修改编码器参数,使之与实际相符。

(7) 调整数控系统和伺服的参数。

(8) 调整机械环节,使机械转矩与电动机转矩相匹配;改善供电情况或维修、保养电动机。

(9) 维修机械部分,使其摩擦力矩均匀、合理。

(10) 更换损坏的驱动器,如果编码器的信号首先反馈到伺服驱动器,应更换脉冲编码器以及编码器与伺服的连线。

(11) 维修出现故障的抱闸部分。

(12) 维修机械故障。

故障现象 11 轴失速报警。

1) 产生原因

对应轴反馈脉冲过多,且无法控制。

2) 故障说明

经检查分析,加电后,伺服电动机无论运动或不运动,系统均无法正常对其进行控制。实际上数控系统检测到过多的反馈脉冲,屏幕右下方显示"轴失速",伺服电动机使能信号被切断。

3) 故障检查

如果系统一加电,报警轴就窜动一下,然后系统报警,则需要进行如下检查。

(1) 反馈电缆连接的正确性。如果两轴的反馈电缆插反,则两轴会同时窜动,数控系统最先检测到故障的一个轴报警。这种情况往往会出现在电缆重新连接以后。如果是直流电动机,还可能是驱动电缆极性不对造成的。

(2) 给定(控制)电缆故障。可以通过对照电缆连线表检查给定电缆的方法发现问题,其中的重点是 VCMD 信号和信号地。对于数字伺服,还要检查反馈信号的正确性。

(3) 如果只有一个轴窜动,则检查窜动轴的反馈信号是否正常。可以使用如下方法检查:

① 在断电情况下断开电动机的驱动回路;

② 上电;

③ 将系统参数中"X 轴跟踪误差"参数填成 499,然后返回自动或手动方式,此时屏幕上将显示反馈脉冲和跟踪误差的数据;

④ 如果在编码器没转动的情况下,就有比较大的显示数据,可判定数控系统反馈接口相关电路有问题;

⑤ 如果显示的数据比较小,则可进行下一步的判断:手工使报警轴的编码器双方向转动,如果脉冲反馈值跟随转动变化,且反馈值与编码器转过的角度相吻合,则说明编码器、反馈电缆、数控系统反馈接口电路正常。否则再继续检查故障的具体部位。

反馈数据的判断依据是:当编码器转一圈,则

$$显示数据 = 编码器标称线数 \times 4$$

编码器标称线数即编码器转一圈输出的脉冲数,以下简称脉冲数。如果编码器不是转一圈,例如转五分之一圈,则

$$显示数据 = (编码器脉冲数 \times 4) \times \frac{1}{5}$$

当按上一步检查反馈数据不正常时,可以在断开电动机驱动回路的基础上,将两路反馈编码器互换,以验证问题在编码器还是在反馈电缆或数控系统反馈接口电路。

(4) 检查 VCMD 信号,其操作如下:

① 将电动机驱动的回路断开;

② 进入"手轮方式";

③ 用数字电压表直流 MV 挡测量 VCMD 与信号地间的电压,如果测到的电压与 0 V 偏离比较大,首先应该检查数控系统的 ±12 V 电源,在确认电源及其连接都正常的前提下,再进行下面的操作;

系统刚加电,没做任何伺服轴的运动操作时,系统输出的 VCMD 信号应该接近

零伏电压。

④ 选择被测轴，摇动手轮，观察VCMD电压的变化。

每个最小当量可使VCMD变化0.3 mV的电压，VCMD信号可能出现如下情况：无论VCMD信号是否偏离零伏电压，摇动手轮，VCMD电压变化和手轮摇动的数据一致。这说明报警的问题根源不在VCMD信号，进而应继续检查伺服驱动器。无论VCMD信号是否偏离零伏电压，摇动手轮，VCMD电压不按手轮摇动的数据变化，这说明报警产生的根源就在VCMD信号。

(5) 以上检查都没有问题，则可能是伺服驱动器的问题。

4) 处理方法

解决以上问题的办法有以下几种。

(1) 正确连接电缆。

(2) 维修或更换给定电缆。

(3) 对于数控系统反馈接口故障，应维修或更换位置板。

(4) 对于数控系统的VCMD信号故障，根据检查结果，确定维修电源部分还是维修或更换位置板。

(5) 维修伺服驱动器。

故障现象12 数控系统不能启动。

1) 故障检查

出现此情形，应进行以下几项检查。

(1) 检查系统电源进线是否有AC 380 V输入或缺相。

(2) 检查隔离变压器AC 220 V是否有输出并加到数控系统直流电源的输入端。

(3) 检查控制柜开门断电控制是否失灵。

(4) 检查机床电源控制按钮是否失灵。

(5) 检查配电盘接触器是否失灵。

(6) 检查系统直流电源的进线、插头的连接是否正常。

2) 处理方法

解决以上问题的方法如下。

(1) 参考电路图检查，为避免电荷感应造成电路接通的假象，在带电检查电路是否接通时，应使用电压表检测，不推荐用验电笔检查(验电笔仅用来确定要检修的部分是否有带电的可能)。

(2) 如果有损坏部分，维修或更换相应部件。

故障现象13 屏幕无显示，伺服系统主回路接触器不吸合。

1) 故障检查

(1) 系统直流电源输出不正常。

检查系统电源输出+5 V、±12 V是否正常。一般集成电路规定+5 V电压误差在±5%以内，±12 V电压误差在±10%以内为正常范围，但在实际应用中，+5 V

电源的测量值误差应在±2%以内,±12 V 的应在±5%以内。若电压超出范围,应该检查有无过流现象。

(2) 检查+5 V,±12 V 与 0 V 之间是否有短路。

拔下电源连接插头,分别测量电源端和系统端。逐步缩小并确定短路部位。若短路在系统端,则分别拔下各模块,以确定短路部件。

(3) 电缆连接不正常(包括电缆内部断线)。

① 检查主机和电源的电缆。

② 检查数控系统多功能板与操作面板连线。

③ 检查伺服给定电缆连线。

2) 处理方法

解决该故障可以参考如下方法。

(1) 若不是过流造成直流电源电压超出范围,则更换电源。若有过流现象则排除过流因素。

(2) 更换故障部件。

(3) 维修或更换故障电缆。

故障现象 14 屏幕有显示但伺服驱动器未投入工作,系统无报警。

1) 故障检查

遇到此种现象,建议查看屏幕右上方的计时时钟,如果不计时,再查看接口板右下角电源插头上方的指示灯 D6(CASNUC 2000 系统)。

2) 处理方法

(1) 检查有无未插紧的电路板,如果有,将电路板插紧,如果没有,更换系统接口板。

(2) 若是电源故障,更换电源,如果不是电源故障,更改 CPU 板。

故障现象 15 屏幕无显示,伺服系统主回路接触器吸合,伺服驱动器投入工作。

1) 故障检查

(1) 检查显示器及显示电源接线。

(2) 对于 CASNUC 2000 系统应检查 LCD 电源连接电缆。

(3) 检查与显示有关电缆的连接。

(4) 若电缆、供电和信号都正常,针对 CASNUC 2000 系统应检查液晶屏,调整亮度和对比度电位器。若无效,则显示屏故障。

2) 处理方法

(1) CRT 显示器的+12 V 电源不正常时,更换电源。

(2) 复合视频信号不正常时,更换数控系统的多功能板。

(3) 将未插好的电缆插好,螺丝拧紧,修复或更换故障电缆。

(4) 修复或更换显示器。

故障现象 16 屏幕显示正常,伺服系统主回路接触器吸合,但伺服电动机窜动或溜车,系统没有反应。

1) 故障检查

经检查分析,存在以下几种情况。

(1) 编码器故障,即当编码器旋转时,编码器的输出信号没有反应,但是输出的电平信号在正常范围。这种情况出现的原因是:有液体进入编码器,或编码器光电转换部分故障。因此,编码器断线检测仅能检测到编码器的部分故障,而不是全部。

(2) 如果到数控系统的反馈信号是从伺服驱动器接入的,伺服驱动器的故障也可能是造成溜车或伺服电动机窜动的原因。

(3) 数控系统编码器反馈通道故障,不能接收反馈的信息。检测这种故障的方法如下。

① 在允许的情况下,断开伺服电动机的驱动回路以保证安全,如果该轴带抱闸,采取预防溜车的措施后再上电,将故障回路的编码器与主轴编码器对换。

② 重新加电,对于 CASNUC 2000 系统,分别选择反馈脉冲和脉冲锁存来检查反馈信息。可以根据反馈数据判断数控系统反馈通道故障,此时应看不到反馈脉冲或反馈脉冲比实际少很多,否则应检查编码器等其他部分。

2) 处理方法

(1) 更换编码器。如果有液体进入编码器,必须同时解决电动机、编码器防水的问题。另外,如果是因为进水造成编码器损坏,应同时检修电动机,否则因电动机绝缘不良可能造成电动机和伺服驱动器损坏。

(2) 维修或更换伺服驱动器。

(3) 维修或更换数控系统位置板。

故障现象 17 机床运行速度单方向不稳定,有时会产生报警。

1) 故障检查

(1) 机械故障。断电的情况下检查丝杠,两个方向松紧应均匀,不应有明显的松紧不均或转矩过大现象。

(2) 伺服驱动单元故障。如果不是机械原因,应该进一步检查伺服驱动器。在保证安全的情况下,如果可能,可以交换两轴的驱动器。交换后,如果故障现象依旧,而另一轴更换驱动器前后一直正常,则基本可以排除是伺服驱动器的原因,否则可以确定是伺服驱动器的原因。

(3) 反馈回路故障。如果反馈回路有问题,不仅速度不稳,而且移动距离不对。

2) 处理方法

(1) 排除机械故障。

(2) 维修或更换伺服驱动单元。

(3) 维修或更换位置板。

故障现象 18 加电后电动机抖动或运行时电动机抖动。

1）故障检查

（1）伺服驱动单元增益过大，造成电动机抖动。

一般这种情况可能是伺服驱动器的增益调整偏高造成的。例如：模拟式伺服在低温时调的增益比较大，温度一高，因增益太高而出现抖动。这种情况只要适当减小伺服驱动器的增益即可解决。

另外，新机床的机械摩擦力比较大，伺服增益调得也比较大，用了一段时间后，摩擦力减小了，就会产生抖动的现象，处理方法也是适当减小伺服驱动器的增益。

（2）反馈回路故障。如果反馈回路计数不正常，也可能产生抖动现象，这时需要确认反馈回路是否能正常准确地计数。可以将系统参数中的“X 轴跟踪误差”填成 499，观察该轴的反馈脉冲，用手轮的最小当量移动该轴，或断开伺服电动机的驱动线，用手转动编码器，以确认反馈计数功能的状态。

（3）数控系统的 VCMD 信号故障。这种现象可以用如下方法检测：

① 断开有故障的驱动电动机；

② 加电后在手轮方式下检测 VCMD 信号，一般 VCMD 信号的范围是±10 V，对于手轮的每一个最小当量，VCMD 信号的变化应该是 0.3 mV，如果出现如下情况：手轮转动的过程中，VCMD 信号不是跟随手轮的数据变化的，而是在数据积累到一定程度时，VCMD 信号出现一次比较大的变化。此时，应判定数控系统的 VCMD 信号有问题。

2）处理方法

（1）调整伺服驱动器的增益等参数。

（2）维修或更换 VCMD 信号输出电路板（CASNUC 2000 系列更换接口板）。

故障现象 19 加电后伺服单元电磁接触器吸合，但电动机没有力矩输出，只要输出电动机运动信号，就产生“跟踪误差过大”报警。

1）故障检查

（1）检测 380 V 的供电情况，查看有无缺相，伺服变压器电压输出是否正常，伺服驱动器是否有输出，到电动机的驱动连线是否松动、断线。如果因伺服驱动器的供电回路跳闸造成驱动器不工作，应首先检查跳闸原因，排除后再给驱动器主回路加电。

（2）检查数控系统到伺服驱动器的使能信号（EN）是否正常。

系统的使能信号是光耦的输出，光耦输出通导，伺服工作，光耦输出断开，伺服不工作。

（3）检查数控系统的 VCMD 信号有没有输出。首先检查 D/A 转换器的±12 V 电源，如果该电源不能正常供给 D/A 转换器，则 VCMD 信号肯定没有输出。如果只有一个轴出现问题，则应排除电源和 D/A 转换器的问题。

（4）检查电动机，电动机故障将造成电动机没有力矩输出。

2）处理方法

(1) 维修伺服驱动器主回路的供电回路。

(2) 如果“使能”信号有问题，维修或更换数控系统与“使能”信号相关的电路板及电缆（CASNUC 2000 系列更换接口板）。

(3) 维修±12 V 电源及其连线。

(4) 更换电动机。

故障现象 20 数控系统工作中突然掉电。

1）故障检查

(1) 系统交流供电回路出现瞬时掉电。如果周围的设备同时出现类似的现象，则应是供电电网的故障。

(2) 设备的供电回路故障。如果同一供电回路上，其他设备正常，应该是本设备的供电回路故障。例如断电按钮接触不良、供电的接触器触点接触不良、与本设备供电的空气开关接触不良、供电回路的连线松动等都是设备掉电的原因。

数控系统没有自己给自己上电和断电的能力，因此，遇到这种现象首先应该查找供电回路的原因。如果确认供电回路正常，应进行下一步的检查。

(3) 数控系统的直流电源故障。与供电回路故障造成整机无电的情况不同，机床强电可以上电，例如机床灯工作正常等。此时应该检测系统的直流电源。给数控系统供电的直流电源故障可造成系统加不上电。

2）处理方法

(1) 待电网正常后再启动设备。

(2) 更换损坏零件和接线，排除接触不良现象。

(3) 排除数控系统电源故障或更换电源。

故障现象 21 系统加电时，电动机抖动一下，然后一切正常。

1）故障检查

(1) VCMD 零点偏移过大。

如果可能（即可以保证安全，系统还可以正常工作），断电后断开有问题电动机的连线（最好用测试插头代替伺服），重新加电，转到显示反馈脉冲的画面，此时，因伺服没工作，该轴反馈脉冲数应该在±1 以内。在此基础上，测量该轴的 VCMD 输出，如果该值偏移过大，说明这部分电路有问题。

(2) 伺服零点偏移过大。

在上一步的基础上，断电，连接好伺服电动机，重新加电，观察反馈脉冲，调整伺服驱动的零点，直到反馈脉冲数在±1 之内，重新加电，就不应该出现电动机抖一下的现象了。

(3) 驱动器故障。

出现以下两种情况都说明驱动器有故障：

① 无法将伺服的反馈脉冲调下来；

② 虽然将零偏脉冲调下来了，但加电时电动机依然抖动。

2）处理方法

（1）维修或更换数控系统位置板。

（2）维修或更换伺服驱动器。

7.4 故障分析应遵循的原则

数控机床的故障现象比较复杂多样，为尽快找出原因，在故障分析过程中，应遵循以下原则。

- 先简单后复杂，先主要后次要。多种故障交叉出现，应先解决简单的，后解决难度大的；先解决主要的影响大的，后解决次要的影响小的（不等于不去解决）。
- 先静后动。维修人员本身应该做到先静后动，不可盲目动手，应先了解情况。
- 先外部后内部。当数控机床发生故障后，维修人员应先采用问、看、听、触、嗅等方法由外向内逐一检查。
- 先机械后电气。数控机床的故障大部分是机械动作失灵引起的，应先检查机械部分是否正常，行程开关是否灵活等。
- 先共用后单独。共用性问题影响全局，单独性问题只影响局部。
- 先一般后特殊。出现故障，应先考虑最可能发生故障的原因，后分析很少发生故障的特殊原因。

7.5 故障诊断的基本方法

数控机床电气系统故障的调查、分析与诊断的过程也就是故障的排除过程，一旦查明了原因，故障几乎就排除了。因此故障分析诊断的方法十分重要。常用的诊断方法如下。

1. 直观检查法

这是利用问、看、听、触、嗅等方法进行的初步判断，为进一步缩小确定检查范围做准备。

1）询问

向故障现场人员仔细询问故障产生的现象、过程及后果等，在整个分析判断过程中可能要根据细节多次询问。

2）观察

查看机床各部分工作状态是否处于正常状态（例如各坐标轴位置、主轴状态、刀库、机械手位置等),各数控设备(如数控系统、温控装置、润滑装置等)有无报警指示,局部查看有无保险烧断,元器件烧焦、开裂,电线电缆脱落等。

3) 触摸

在整机断电条件下可以通过对各个主要元器件、电路板、插头插座、电缆的触摸来判断系统联机情况是否正常,各元器件有无过热等现象。

4) 通电

在确定电路电缆无故障的情况下通电,这是为了检查有无冒烟、打火、异常声响、气味以及触摸有无过热电动机和元件存在而进行的通电测试,一旦发现异常现象立即断电分析。

2. 仪器检查法

使用万用表等仪器,对各组交、直流电源电压和相关直流及脉冲信号等进行测量,从中确定可能存在的故障。例如用万用表检查各电源电压情况,看是否存在掉电、欠压状态,也可测量各元器件及继电器通断状态,用示波器观察相关的脉冲信号、波形等,配合 PLC 程序查找出故障部位及原因。

3. 报警信号分析法

1) 硬件报警指示

这是指包括数控系统、伺服系统在内的各个元器件上的各种状态和故障指示灯,结合指示灯状态和相应的功能说明便可根据指示内容及故障原因去排除故障。

2) 软件报警指示

系统软件、PLC 程序与加工程序中的故障通常都有报警提示内容,依据显示的报警号对照相应的诊断说明手册便可找到原因并排除故障。

4. PLC 状态检查法

数控系统通过 PLC 与接口信号相互连接,使软件与各个接口间建立了一定的通信联系,一般包括输入、输出单元,超程、润滑、冷却等接口信号,这些信号有的可以在相应的接口板和输入/输出板上有指示灯显示,有的可以通过简单操作在液晶屏幕上显示,而所有的接口信号都可以在 PLC 中观察到其工作状态。维修人员可根据 PLC 状态来确定故障原因,便于排除故障。

5. 参数调整法

数控系统、PLC 及伺服驱动系统根据不同的厂家、不同的工作状态设置相应可修改的参数。这些参数使机械、电气与数控系统达到最佳加工状态。因此,任何参数的变化(尤其是模拟量参数)或者丢失都是不允许的;而随着机床的长期运行所引起的机械或电气性能的变化会打破最初的匹配状态和最佳状态。此时,需要重新调整相关的一个或多个参数才能使系统恢复最佳状态。这种方法需要维修人员对机械、电气及数控系统有丰富的调试经验。

6. 备件置换法

当故障出现在某一块电路板或元器件上时,由于判断具体故障是十分困难的,为了缩短停机时间，在有相同备件的条件下可以先将备件换上，然后再去检查修复故障板。备件的更换要注意以下问题。

(1) 更换任何备件都必须在断电情况下进行。

(2) 许多印制电路板上都有一些开关或短路棒的设定以匹配实际需要，因此在更换备件板时一定要记录下原有的开关位置和设定状态，并将新板做好同样的设定，否则会产生报警而不能工作。

(3) 某些印制电路板的更换还需在更换后进行某些特定操作以完成其中软件与参数的建立。这一点需要仔细阅读相应电路板的使用说明。

(4) 有些印制电路板是不能轻易拔出的，例如含有工作存储器的板或备用电池板等，贸然拔下这类板子会使一些有用的参数或者程序丢失。必须更换时也必须遵照有关说明操作。

鉴于以上条件，在拔出旧板更换新板之前一定要先仔细阅读相关资料，明确要求和操作步骤之后再动手，以免造成更大的故障。

7. 交叉换位法

当发现故障板或者不能确定是否是故障板而又没有备件的情况下，可以将系统中相同或相兼容的两个板互换检查，例如将两个坐标的指令板或伺服板交换，从中判断故障板或故障部位。这种交叉换位法应特别注意，不仅要将硬件接线正确交换，还要将一系列相应的参数交换，否则不仅达不到目的，而且会产生新的故障造成思维的混乱。因此，一定要事先考虑周全，设计好软、硬件交换方案，保证准确无误再行交换检查。

8. 特殊处理法

当今的数控系统已进入 PC 开放化的发展阶段，其中软件含量越来越丰富，有系统软件，机床制造者软件，甚至还有使用者自己的软件。软件逻辑的设计中不可避免的一些问题，会使得有些故障现象无从分析，例如死机现象。对于这种故障现象可以采取特殊手段来处理，比如整机断电，稍作停顿后再开机。

1) 原理分析法

原理分析法是排除故障的最基本的方法之一。当其他检查方法难以奏效时，可从电路的基本原理出发，一步一步进行检查，最终查出故障原因。

2) 独立单元分析法

在分析工作中，经常利用独立单元的接口信号状态分析来判定独立单元是否有故障，称之为独立单元分析法。当独立单元输出不正常时，先查其输入正常与否。如果输入正常，则独立单元本身有故障；如果输入不正常，则追查前一个独立单元或考虑“负载效应”。

维修人员可以在自己的长期实践中摸索规律或者其他有效的方法。

7.6 故障排除的基本方法

1. 询问调查

在机床出现故障要求排除的时候，首先应要求操作者尽量保持现场故障状态，不做任何处理，这样有利于迅速精确地分析故障原因。同时仔细询问故障情况，如故障信息、设备运行时间、有无异常现象或误操作、程序是否异常等，依此做出初步判断，以便确定现场排查所需工具、备件等，减少往返时间。

2. 现场检查

到达现场后，首先要验证操作者所提供信息的准确性、完整性，从而初步核实故障信息的准确度。由于发生问题的原因多种多样，或者操作者的水平不同，对故障信息描述不清甚至完全不准确的情况偶有出现，因此到现场后仍然不要急于动手处理，应重新仔细调查各种情况，以免破坏了现场，使排除故障难度增加。

3. 故障分析

根据用户提供及现场采集的资料对故障现象进行综合分析，查找原因，从而确定排除故障的原则。由于大多数故障是有提示的，所以一般情况下可以参照用户使用维修说明书，根据列出的产生该故障的多种可能的原因去分析。

4. 确定原因

通过询问调查、现场检查及故障分析，最后从多种可能的原因中进行排查并找出造成故障的真正原因。这是对维修人员对该机床熟悉程度、知识水平、实践经验和分析判断能力的一种综合考验。

5. 排故准备

故障排除有的比较简单，有的相对复杂，所以排除故障前应做好准备工作。例如准备好万用表、各种工具和所需更换的元器件等。

第8章 数控系统类常见故障

8.1 数控装置及接口简介

数控装置习惯称为数控系统，是数控机床的中枢，在普通数控机床中一般由输入装置、控制器、运算器和输出装置组成。数控装置接收输入介质的信息，并将其代码加以识别、储存、运算，输出相应的指令脉冲以驱动伺服系统，进而控制机床动作。在计算机数控机床中，由于计算机本身即含有运算器、控制器等单元，因此其数控装置的作用由一台计算机来完成。

数控装置是对机床进行控制，并完成零件自动加工的专用电子计算机。它接收数字化的零件图样和工艺要求等信息，按照一定的数学模型进行插补运算，用运算结果实时地对机床的各运动坐标进行速度和位置控制，完成零件的加工。本节主要以航天CASNUC 2000MA 铣床数控系统为例，简单介绍一些数控系统接口组成方面的知识。

CASNUC 2000MA 铣床数控系统的接口位置的布局如图 8-1 所示。

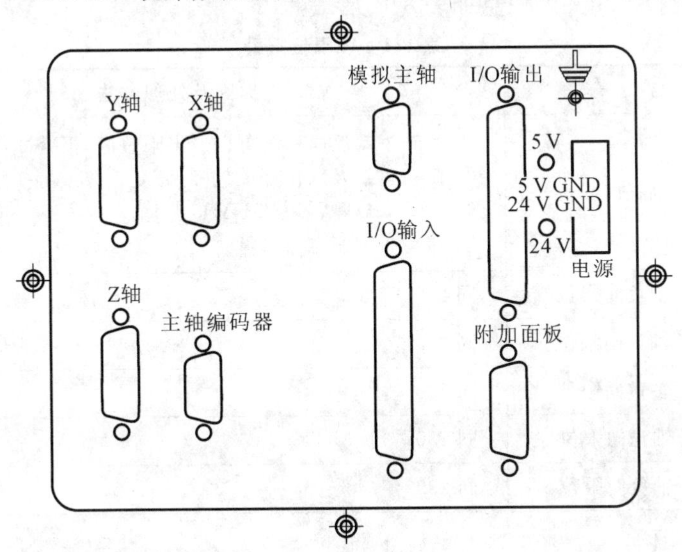

图 8-1　接口位置布局

CASNUC 2000MA 铣床数控系统的接口框图如图 8-2 所示。

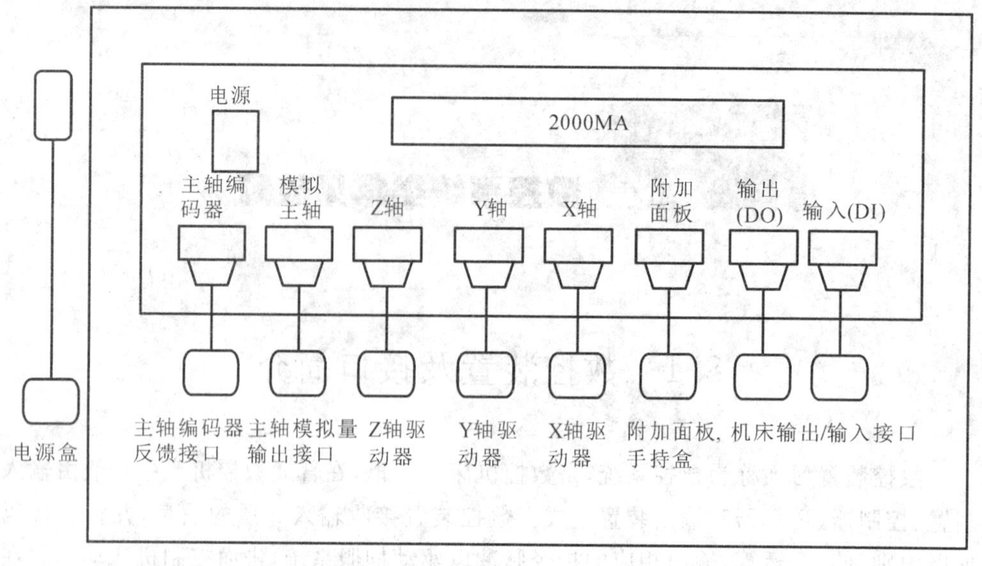

图 8-2　接口框图

8.2　系统报警信息

8.2.1　硬限位报警

与硬限位报警相关的信息如表 8-1 所示。

表 8-1　硬限位报警

报警号	含　义	原因及处理方法
230	X 轴正向限位	① X 轴手动反向移动可以退出限位区，报警即可解除； ② 限位连线及限位开关故障，修复连线或更换限位开关； ③＋24 V 故障，修复 24 V 电源； ④ 接口板控制电路故障
231	X 轴负向限位	同 230
232	Y 轴正向限位	同 230
233	Y 轴负向限位	同 230
234	Z 轴正向限位	同 230
235	Z 轴负向限位	同 230

8.2.2 伺服及伺服电动机报警

伺服及伺服电动机报警信息如表 8-2 所示。

表 8-2 伺服及伺服电动机报警

报警号	含 义	原因及处理方法
201	X 轴伺服未就绪	可能的原因： ① X 轴控制电缆未连接； ② X 轴伺服报警(伺服系统过流、过热、三相电源缺相等)； ③ X 轴伺服未准备好(伺服系统没有加高压、给伺服加高压的继电器或接触器未吸合、使用二次上电的伺服系统时需 PLC 输出的信号未输出)； ④ 给位置板供电的＋24 V 电源故障； ⑤ 数控系统出现其他紧急报警(跟踪误差过大、电动机过速)后,数控系统主动切断伺服时也可能显示此报警； ⑥ 在二次上电的伺服系统中,伺服上电延时时间太短(D139 参数)
202	Y 轴伺服未就绪	同 201
203	Z 轴伺服未就绪	同 201
221	X 轴反馈断线	可能的原因： ① X 轴控制电缆未连接； ② X 轴反馈电缆未连接； ③ X 轴反馈电缆中有连线断开； ④ X 轴码盘损坏； ⑤ X 轴控制接口器件损坏
222	Y 轴反馈断线	同 221
223	Z 轴反馈断线	同 221

8.2.3 与伺服相关的故障报警

与伺服相关的故障报警信息如表 8-3 所示。

表 8-3 伺服故障报警

报警号	含 义	原因及处理方法
501	X 轴实际速度过大	系统检测到的位置变化远大于控制的范围。 需重点检查位置控制板、反馈电缆、给定电缆、编码器、伺服驱动器等环节
502	Y 轴实际速度过大	同 501

续表

报警号	含　　义	原因及处理方法
503	Z轴实际速度过大	同501
509	X轴给定速度过大	由于电动机转速跟不上,系统送到D/A转换器的数据超过允许值,即命令值超过D41参数设置的允许值
510	Y轴给定速度过大	同509,Y轴转速限制参数为D42
511	Z轴给定速度过大	同509,Z轴转速限制参数为D43
517	X轴跟踪误差过大	由于电动机转速跟不上,误差值超过参数允许值。可根据实际情况调整跟踪误差参数。X轴跟踪误差参数为E49
518	Y轴跟踪误差过大	同517,Y轴跟踪误差参数为E50
519	Z轴跟踪误差过大	同517,Z轴跟踪误差参数为E51

8.2.4　硬、软件报警

与硬、软件相关的报警信息如表8-4所示。

表8-4　硬、软件报警

报警号	含　　义	原因及处理方法
601	系统报警	
602	系统报警	
603	在非运动程序段建立或取消刀具半径补偿	例如:在G04、G92或在加工平面内无坐标移动的程序段中建立或取消刀具半径补偿
604	钻孔循环中有半径补偿	钻孔循环中不能进行半径补偿
605	在C刀补过程中,未找到下一行程序	
606	在C刀补过程中,非运动的程序段过多	在零件加工程序中,出现连续的多个在加工平面中没有位置移动的程序段
607	在非直线段建立或取消刀具半径补偿	只能在G01或G00的情况下,建立或取消刀具半径补偿
608	在C刀补过程中,平面发生变化	例如:在C刀补过程中,G17加工平面在未取消刀补的情况下转为G18或G19加工平面
609	在坐标转换中,未取消刀具半径补偿	在坐标系转换程序段中,应该取消刀具半径补偿
610	系统错误	
611	急停	

续表

报警号	含　义	原因及处理方法
612	加工程序未准备好	在零件加工程序未检索的情况下，运行零件加工程序。可能的情况如下： ① 程序正在检索中，按启动键或循环启动键； ② 程序未找到或检索失败时，按启动键或循环启动键
613	程序结束时，未取消刀补	
615	手动输入的M、S、T代码超出范围	M代码＞99或T代码＞99或S代码＞9999
616	过切削	
621～637	PLC报警	根据用户PLC实际情况来处理报警，参考用户PLC说明书
690	X轴正向软限位	软限位报警。当机床移动超过参数E81设定的位置时，系统报警
691	X轴负向软限位	说明同690，相关参数为E73
692	Y轴正向软限位	说明同690，相关参数为E82
693	Y轴负向软限位	说明同690，相关参数为E74
694	Z轴正向软限位	说明同690，相关参数为E83
695	Z轴负向软限位	说明同690，相关参数为E75

8.2.5 零件加工程序语法及编程错误

零件加工程序语法及编程错误的报警信息如表8-5所示。

表8-5 零件加工报警

报警号	含　义	原因及处理方法
1	零件加工程序各组代码之间或字母和数字之间超过5个空格	
2	零件加工程序中，字母后未跟数据	
3	零件加工程序中的数据溢出	
4	零件加工程序中的数据超限	
5	小数点后数据超限	
6	零件加工程序中有非法字符	
7	G代码超过99	
8	数据过大(＞99999.999)	
9	零件加工程序一行超过80个字符	

续表

报警号	含　义	原因及处理方法
10	M98 后未跟 P 代码	
11	N 代码或 S 代码超过 9999、F 代码超过 24000、M 代码或 T 代码超过 99	
12	调用子程序的堆栈越界	子程序嵌套过多
13	调用的子程序未找到	
14	子程序调用时，重复次数大于 99	
15	子程序调用时，程序号超过 9999	
16	程序中无 M30	
17	固定循环重复次数大于 99	
81	圆弧终点不在半径为 R 的圆弧上	
82	圆弧编程格式错误	
101	译码结果错误	
102	插补准备的数据为零	
103	起始角度处理错误	
104	固定循环加工的动作分解错误	
105	返回参考点的动作分解错误	
106	G73 孔加工循环编程错误	
107	G83 孔加工循环编程错误	
108	G04 等待时间过长	
109	圆弧编程中，圆弧起点、圆弧终点不在同一个圆上	

8.2.6　PLC 报警检测

PLC 报警信息如表 8-6 所示。

表 8-6　PLC 报警

报警号	含　义	正常状态	处理方法
625	开关信号 1 报警，该点断开时报警。 报警动作：PLC 输出置零，停止强电的动作； 禁止数控系统执行加工程序，禁止伺服运动	I/O 模块 I12 点为常闭点	对应 I/O 转接模块输入点 I12，该点正常状态下对 24 V 地应该是 24 V 电压，如果不是 24 V 电压，请检查 I12 点对应外部设备是否正常

续表

报警号	含 义	正常状态	处理方法
626	开关信号 2 报警，该点断开时报警。 报警动作：仅显示报警提示信息，不影响 PLC 和系统的工作	I/O 模块 I13 点为常闭点	对应 I/O 转接模块输入点 I13，该点正常状态下对 24 V 地应该是 24 V 电压，如果不是 24 V 电压，请检查 I13 点对应外部设备是否正常
627	未回零报警	机床进行回零操作	机床未进行回零操作，运行加工程序时会报警。请执行完回零操作后，再运行加工程序
628	刀具未夹紧	I/O 模块 I10 点为常闭点	执行加工程序若 I/O 模块的 I10 点为常开状态，则会报警。请检查 I/O 模块 I10 点对 24 V 地是否是 24 V，如果不是，请检查电路部分
629	准停不到位	系统执行 M19 指令或执行 G84 攻丝功能时，主轴进行准停操作；准停输出在设定时间范围内（此时间可由 H64 参数设定）可检测到准停到位信号（I/O 模块 I16 点）	系统执行 M19 指令或执行 G84 攻丝功能时，主轴进行准停操作；当准停输出超过一定时间（此时间可由 H64 参数设定）后仍检测不到准停到位信号，I/O 模块 I16 点为 24 V 信号，系统报警，准停输出停止。检测准停到位信号（I/O 模块 I16 点）是否正确；可按“复位”键清除报警

8.3 数控系统类常见故障

数控系统故障的现象和原因多种多样，这里仅列举几类现象，供参考。

1. 数控系统电源不能正常启动

数控系统的电源一般有绿色发光二极管指示灯显示，如果此灯不亮，可先检查电源是否有 220 V 交流电压输入。如果交流电源已输入，应检查输入单元的保险丝是否烧断。若输入单元的报警灯亮，应检查各直流工作电压（+5 V、+24 V）电路的负载是否有短路现象，此外，数控系统开关损坏，机床操作面板的开关失灵，以及电源输入单元接触不良等，也会使系统不能接通电源。

2. 电源接通后，液晶屏无显示

（1）与液晶屏有关的电缆接触不良，应检查连线，重新连接。

（2）检查液晶屏输入电压是否正常。

（3）主板发生报警指示，液晶屏显示异常，此时发生故障的起因多数不是液晶屏本身，可根据报警信息来分析处理。

3.机床不能运行

机床不能运行的原因可能是：

(1) 数控系统的复位键一直处于按下的状态；

(2) 数控系统处于紧急停止状态；

(3) 程序执行时液晶屏上有坐标显示变化而机床不动，机床可能处于锁住状态；

(4) 进给速度倍率被设置为零；

(5) 系统有报警。

4.不能正常回零且屏幕显示报警

发生该现象的原因一般是脉冲编码器的信号没有输入到主板，如脉冲编码器断线或脉冲编码器的连接电缆断线。另外，机床回零点的开始移动点距离基准点太近也会发生报警。

5.找不准参考点

在返回参考点的过程中，X轴能进行回参考点操作，并以设定速度向参考点接近，但找不到参考点，并且以这一速度一直向前移动，直至碰到限位开关才停止。

经分析，造成该现象的主要原因是参考点的减速开关有问题。此外，参考点和限位距离太近也会造成报警。

6.手轮不能工作

转动手轮时，观察系统显示的相应轴的坐标值是否有变化，如果轴坐标有变化，但机床不动，此时应该检查系统是否处于机床锁住状态。如未处于机床锁住状态，则要检查伺服是否有报警，伺服状态是否正常。如果摇动手轮，屏幕显示坐标轴没有变化，机床也不运动，此时可以进行如下检查：

(1) 手轮参数是否设置好(系统是否带手轮功能)。

(2) 机床锁住信号是否有效。

(3) 主板或系统是否有报警。

7.转台回零不准

机床出现转台回零不准，回零后工作台有歪斜现象。出现这种故障一般是由于转台回零开关接触不良、行程压块松动或开关松动造成的。关机后将转台侧盖打开，用手压行程开关看是否正常，检查行程压块看是否正常，查看开关座是否正常，检查行程开关断开点变化。将开关器件向正确方向调整一段距离后开机，可排除这一故障。

8.换刀故障

发生打刀事故，按急停按钮，换上新刀后，工作台不旋转。经检查并通过PLC梯图分析，发现其换刀程序不正确，导致计算机认为换刀过程没有结束，不能进行其他操作。因此，按正确程序重新换刀后，机床可恢复正常。

9.机床过载报警

在机床厂家加工过程中经常会出现过载报警，表现形式为Z轴电动机电流过大，电动机发热，但停止工作一段时间后报警消失，接着再工作一阵，又出现同类报警。这种现象可检查伺服系统，如果伺服系统无故障，估计是负载过重造成的。为了区分是伺服故障还是机械故障，将 Z 轴电动机拆下与机械脱开，如运行时该故障不再出现，则可认为是机械丝杠或运动部位过紧造成的。调整 Z 轴丝杠，适当调松螺母，如果效果依然不明显，再调整 Z 轴导轨镶条，这样机床负载可明显减轻，并消除故障。

第9章 数控伺服电动机类常见故障

数控机床伺服系统故障占机床总故障的比率较高。由于伺服系统涉及的环节较多,加之种类繁多、技术原理各具特色,因此给维修诊断带来较大困难。在应用中伺服电动机常见的故障有哪些?我们该如何分析和解决呢?下面是几个常见故障的举例说明。

1. 伺服电动机不运行

可能造成电动机不运行的原因:

(1) 没接通电源;

(2) 电动机内部有卡死的位置;

(3) 编码器信号线未接通;

(4) 电动机过载;

(5) 选型不对;

(6) 伺服电动机参数不对;

(7) 驱动器故障。

2. 电动机带不动负载

可能造成电动机带不动负载的原因:

(1) 负载超载;

(2) 伺服电动机参数设置不合理;

(3) UVW 输出线接错;

(4) 电动机内线圈烧毁;

(5) 电动机转子磁缸退磁。

3. 伺服电动机有异响

可能造成伺服电动机有异响的原因:

(1) 机械装置安装不良,如电动机螺丝松动、联轴器轴心未对准等。

(2) 如果是轴承内异响,则检查轴承附近声音和振动状况。

(3) 信号干扰,如输入信号线规格不符、输入信号线长度不符、编码器信号受到干扰等。

(4) 电磁方面,如电动机过载、三相电流不平衡或电压缺相。

4.运行过程中电动机温度过高

可能造成运行中电动机温度过高的原因：

(1) 周围环境温度超过限制温度；

(2) 电动机表面灰尘太多；

(3) 负载过载；

(4) 风扇不转；

(5) 低速且长时间运行；

(6) 外部散热空间不够。

5.电动机缺相

电动机缺相的原因：

1) 电源方面

(1) 开关电源接触不良；

(2) 线路断线；

(3) 保险丝烧断。

2) 电动机方面

(1) 电动机接线盒接触不良；

(2) 内部接线接触不良；

(3) 电动机绕阻接触不良。

6.电动机轴承过热

电动机轴承过热的原因：

1) 电动机本身

(1) 轴承太紧；

(2) 零部件公差有问题，如机座、端盖、轴等零件同轴度不好；

(3) 轴承选用不当；

(4) 轴承润滑不良或轴承清洗不净，润滑脂内有杂物；

(5) 轴电流异常等。

2) 使用方面

(1) 安装不当，如电动机轴和所拖动的装置的轴的同轴度不符合要求；

(2) 皮带轮过紧；

(3) 维护不好，润滑脂不足。

7.电动机绝缘电阻低

电动机绝缘电阻低的原因：

(1) 绕阻受潮或有水浸入；

(2) 绕阻上积聚了灰尘或油污；

(3) 绝缘老化；

(4) 电动机引线或接线板绝缘损坏。

8.启动电动机前需做的工作

(1) 测量绝缘电阻;

(2) 测量电源电压,检查电动机接线是否正确,电源电压是否符合要求;

(3) 检查启动设备是否良好;

(4) 检查熔断器是否符合标准;

(5) 检查电动机接地是否良好;

(6) 检查传动装置是否有故障;

(7) 检查电动机周边环境是否符合要求。

第10章 数控伺服驱动器类常见故障

数控机床的伺服驱动系统包括主轴驱动和进给驱动。进给驱动按采用的电动机不同又分为直流与交流两类不同的装置。

根据统计,在所有故障中,伺服驱动器这部分的故障率约占数控机床全部故障率的1/3。伺服驱动器故障现象大致分三类。

1.软件报警现象

软件报警现象包括:伺服进给系统出错报警;伺服单元的电源电压异常以及速度控制或位置控制部分发生故障;检测元件(如变压器或脉冲编码器等)故障;检测信号故障;过热报警(包括伺服单元过热、变压器过热及伺服电动机过热)等。

2.硬件报警现象

硬件报警现象包括高压报警(电压不稳定)、大电流报警、电压过低报警(大多为输入电压低于额定值的85%或电源线连接不良)、过载报警(机械负载过大)、速度反馈断线报警等。

3.无报警显示的故障现象

无报警显示的故障现象包括机床失控、机床振动、机床过冲(参数设置不当)、噪声过大(电动机方面有故障)、快进时不稳定、加工图形不圆、电动机不转等现象。这些故障要从速度控制单元、参数设置、印制板接触不良等方面去查找故障源。

第11章 回参考点类常见故障

1. 回参考点方式

数控机床回参考点时根据检测元器件的不同分绝对编码器方式和增量编码器方式两种。使用绝对编码器的系统，机床安装调试后，在正常使用时，只要绝对编码器的电池有效，每次开机，都不必再进行回参考点操作。而使用增量编码器的系统，机床每次开机都必须进行回零操作，以确定机床的坐标原点。寻找参考点主要与零点开关、编码器或光栅尺的零位脉冲有关，一般有两种方式。

(1) 挡块压下零点开关后减速，回零轴向前继续运动，直到挡块脱离零点开关后，数控系统开始寻找零点，当接收到第一个零点脉冲信号时，回零操作完成。

(2) 挡块压到零点开关后，回零轴反向减速运动，当再一次脱离零点开关时，轴方向发生改变，向参考点方向移动，当挡块再次压下零点开关时，数控系统开始寻找零点，当接收到第一个零点脉冲信号时，回零操作完成。

无论采用何种方式，系统都是通过 PLC 程序的动作及系统所设速度来完成返回参考点操作的。由数控系统给出回零命令，然后轴按预定方向运动，压向零点开关(或脱离零点开关)后，PLC 向数控系统发出减速指令，回零轴按预定方向减速运动，再由系统接收零点脉冲，收到第一个脉冲后，当前轴回零动作完成。所有轴都完成回零后，回参考点动作结束。

2. 回参考点故障

数控机床返回参考点的常见故障一般有以下几种情况：一是零点开关出现问题；二是编码器出现问题；三是系统测量板出现问题；四是零点开关与限位位置太近；五是系统参数丢失等。下面举例说明解决此类故障的过程。

例 1 一数控车床系统在回零时，发现机床回零的实际位置每次都不一样，漂移一个栅点或一个螺距的位置，并且时好时坏。

分析：如果每次漂移只限于一个栅点或螺距，这种情况有可能是因为减速开关与减速挡块安装不合理，机床轴开始减速时的位置距离光栅尺或脉冲编码器的零点太近。由于机床的加减速或惯量不同，机床轴在运行时过冲的距离不同，从而使机床轴所停的零点位置发生了变化。

经检查调整了减速开关与减速挡块的相对位置，使机床轴开始减速的位置大概处在一个栅距或一个螺距的中间位置；然后重新设置机床零点的偏移量，并适当减小机床回零速度或快移速度的加减速时间常数,机床恢复正常。

例 2 在开机进行回参考点操作时,X 轴和 Z 轴返回参考点状态正常,但 Y 轴回参考点时,出现"Y 轴伺服未就绪报警"。

分析:根据故障现象进行针对性的检查,在检查到伺服驱动模块时,发现有 12 号伺服报警。此时查故障手册,有如下解释:

① Y 轴控制电缆未连接。

② Y 轴伺服报警或驱动器故障(例如:伺服系统过流、过热、三相电源缺相等)。

③ Y 轴伺服未准备好(例如:伺服系统没有加高压、给伺服加高压的继电器或接触器未吸合、使用二次上电的伺服系统时需 PLC 输出的信号未输出)。

④ 给位置板供电的+24 V 电源故障。

⑤ 数控系统出现其他紧急报警(跟踪误差过大、电动机过速)后,数控系统主动切断伺服时也可能显示此报警。

⑥ 在二次上电的伺服系统中,伺服上电延时时间太短(航天数控系统 2000 系列 D139 参数)。

根据故障现象,检查伺服驱动模块,对换相同型号的 X 轴、Y 轴伺服驱动模块后故障消除。由此可见,此次故障为 Y 轴伺服驱动模块接触不良造成的。但几天后又发生故障,当 X 轴回参考点时又出现 X 轴伺服准备未就绪报警。根据前面的经验,检查到伺服驱动模块时,又发现有(伺服准备未就绪)伺服报警。由此似乎很容易得出结论为原 Y 轴(现已更换到 X 轴)的伺服驱动模块已彻底损坏。但为了进一步确认,又一次对换相同型号的 X 轴、Y 轴伺服驱动模块后故障依然存在,说明此次故障与伺服驱动模块无关。

经检查发现,X 轴正向限位开关的挡块已向减速开关的挡块方向移动,导致 X 轴回参考点时,回参考点动作还未完成就已挡到了硬限位开关,从而引起数控系统产生以上报警。

经重新调整硬限位开关的位置,并拧紧固定螺钉,机床回参考点恢复正常。

3. 总结

返回参考点类故障是数控机床中比较常见的故障之一。而这种故障一般又是由挡块的松动、减速开关的失灵、参数的丢失、限位设置不准等因素引起的。当然,编码器或光栅尺的损坏以及编码器或光栅尺的零点脉冲出现问题等也多会引起返回参考点的故障,只不过编码器和光栅尺相对来说可靠性较高,出现故障的概率比较低。只要我们掌握数控机床回参考点的相关工作原理和设备的机械结构,了解其操作方法、动作顺序并对故障现象做充分调查和分析,就一定能排除故障。

第12章 刀架刀库类常见故障

12.1 刀库及机械手的常见故障和维护

刀库及机械手结构较复杂，涉及的硬件主要是伺服电动机传动装置、普通交流电动机传动装置或液压马达、电磁阀、行程开关等器件，一般通过 PLC 编程控制数控机床或加工中心来完成刀库的自动换刀或手动换刀及装卸刀等。在换刀动作中，刀库或机械手运动频繁，所以相对故障率较高，目前机床上 50%以上的故障都与之有关。如刀库运动故障、定位误差过大、机械手夹持刀柄不稳定、机械手动作误差过大等。这些故障最后都会造成换刀动作卡位，以致整机停止工作，因此刀库及换刀机械手的维护十分重要。刀库及机械手使用和维护的注意事项如下。

(1) 严禁把超重、超长的刀具装入刀库，防止在机械手换刀时刀具掉落或刀具与其他部位发生碰撞。

(2) 顺序换刀时必须注意刀具放置在对应刀套的正确顺序，其他选刀方式也要注意所换刀具是否与所需刀具一致，防止换错刀具导致事故发生。

(3) 用手动方式装刀时，要确保装卡到位，装卡牢靠，并检查刀座上的锁紧装置是否可靠。

(4) 要经常检查刀库的回零位置是否正确，检查回换刀点位置是否到位，发现问题要及时调整，否则不能完成换刀动作。

(5) 要注意保持刀具、刀柄和刀套的清洁。

(6) 开机时，应先进行刀库和机械手的空运行动作，检查各部件工作是否正常，特别是行程开关和电磁阀能否正常动作；检查机械手液压系统的压力是否正常，刀具在机械手上是否是锁紧状态，发现问题时及时应对。

12.2 刀库的故障

刀库根据布局、容量、取刀方式等大致分为斗笠式刀库和链条式刀库。这类刀库的主要故障包括：刀库不能转动或转动不到位、刀套不能夹紧刀具、刀套装卡不到位等。

1.刀库不能转动或转动不到位

刀库不能转动的原因有：连接电动机轴与蜗杆轴的联轴器松动；变频器故障（应检查变频器的输入、输出电压是否正常）；PLC 输出异常（接口板的继电器异常）；机械连接过紧；电网电压过低。刀库转动不到位的原因有：电动机转动故障、传动机械有误差。

2.刀套不能夹紧刀具

刀套不能夹紧刀具的原因可能是：刀套上的螺钉松动或弹簧太松，造成抓紧度不够；刀具超重。

3.刀套装卡不到位

刀套装卡不到位的原因可能是：装置调整不当或加工误差过大而造成的拨叉位置不正确；限位开关安装不正确或调整不当而造成的反馈信号错误。

12.3　换刀机械手故障

1.刀具夹不紧

刀具夹不紧的原因可能是：卡紧装置弹簧压力过小；弹簧后面的螺母松动；刀具超重；机械手卡紧锁不起作用等。

2.刀具夹紧后松不开

刀具夹紧后松不开的原因可能是松锁的弹簧压合过紧，卡紧装置缩不回去，应调松螺母，使最大载荷不超过额定数值。

3.刀具交换时刀具掉落

换刀时主轴没有回到换刀点或换刀点漂移，机械手抓刀时没有到位就开始拔刀，都会导致换刀时的刀具掉落。这时应重新移动主轴箱，使其回到换刀点位置，重新设定换刀点。

4.机械手换刀速度过快或过慢

以气动机械手为例，气压太高和换刀节流阀开口太大或太小都会使换刀速度过快或过慢，此时应调整气压大小和节流阀开口大小。

12.4　换刀过程中断或不启动

自动换刀主要应用在加工中心系统中，车床上所需换刀数量较少，而加工中心所需的刀具数量很多，通常几十把到上百把不等，形式一般采用刀库式，其结构比较复杂，技术要求严格。自动换刀中的每一动作完成后，均需有反馈信号给数控系统确认，得到确认后才能开始下一个动作。这类故障的原因除了换刀时有关的机械件卡住外，绝大多数情况是缺少执行下一个换刀动作的条件。因此排除这一类故障需要熟悉自动换刀顺序、清楚各开关的位置，然后对照机床 PLC 梯图重点检查相关的位置检测开关以及控制下一个动作的电磁阀工作是否正常，从而判断故障所在。

下面举几个常见的例子，对故障现象进行说明。

(1) 换刀时松刀不到位，致使刀臂在换刀过程中停止运行，换刀动作不能继续完成。

分析原因，可能存在：① 松刀压力不够；② 松刀检测开关损坏；③ 操作有误等。

处理方法：① 调整压力；② 更换元器件；③ 在刀库未完成一次换刀动作时，须将刀库手动调回到原状态后，再按正确步骤操作机床。

(2) 换刀动作突然产生混乱或不能执行换刀指令。

分析原因，可能存在：① 控制换刀电动机的交流接触器和中间继电器出现故障；② 系统刀库参数意外丢失或被修改；③ 所选刀号与主轴刀号重复。

处理方法：① 更换元器件；② 与机床制造商联系；③ 修改程序。

(3) 刀库的换刀臂在换刀时没有动作。

分析原因，可能存在：① 换刀机械原点感应块位置不当；② 接近开关故障；③ 倒刀气缸缩回定位磁簧故障，没有感应。

处理方法：① 调整感应块至适当位置；② 更换接近开关；③ 调整磁簧开关至适当位置。

12.5 CASNUC 2100 大型立式加工中心系统 PLC 刀库报警信息

航天数控大型立式加工中心系统 PLC 刀库报警信息及处理方法如下。

1. PLC 报警：621——*刀具水平/垂直不到位报警*

报警处理：

(1) 在手动方式下按【K3】键，【K3】键灯亮后按“复位”键清除报警；

(2) 检查刀具水平到位信号，对应 IO/A 转接模块输入点 I27；

(3) 检查刀具垂直 90°到位信号，对应 IO/A 转接模块输入点 I28；

(4) 检查气泵是否打开。

2. PLC 报警：623——*刀库变频器报警*

报警处理：检查刀库变频器报警信号，对应 IO/C 转接模块输入点 I14。

3. PLC 报警：624——*刀库未回零报警*

报警处理：在手动回零方式下，按【K1】键进行刀库回零操作和机床 X/Y/Z 轴回零操作。

4. PLC 报警:627——刀库换刀超时报警

报警处理:检查刀具正反计数信号,对应 IO/A 转接模块输入点 I15、I16。

5. PLC 报警:628——刀具门开/关不到位报警

报警处理:

(1) 在手动方式下按【K3】键,【K3】键灯亮后按“复位”键清除报警;

(2) 检查刀具门开到位信号,对应 IO/A 转接模块输入点 I11;

(3) 检查刀具门关到位信号,对应 IO/A 转接模块输入点 I12;

(4) 检查气泵是否打开。

6. PLC 报警:630——机械手旋转不到位报警

报警处理:检查机械手到位信号,对应 IO/A 转接模块输入点 I28、I29。

7. PLC 报警:631——刀库松刀不到位报警

报警处理:检查刀库松刀到位信号,对应 IO/A 转接模块输入点 I30。

8. PLC 报警:632——主轴松刀不到位报警

报警处理:检查主轴松刀到位信号,对应 IO/A 转接模块输入点 I8。

9. PLC 报警:634——刀具未夹紧报警

报警处理:检查主轴拉刀到位信号,对应 IO/A 转接模块输入点 I10。

10. PLC 报警:635——刀库紧刀不到位报警

报警处理:检查刀库紧刀到位信号,对应 IO/A 转接模块输入点 I31。

第13章 数控系统加工类常见故障

数控系统是数控机床加工过程的核心所在，它是否可靠运行，直接关系到整个设备能否正常运行。也就是说，当数控系统故障发生后，如何迅速诊断故障出处并解决问题使其恢复正常，是提高数控设备使用率的迫切需要。下面以 CASNUC 2000 系统为例，针对几类加工过程中出现的常见问题进行分析。

1. 数控系统无法切削螺纹故障

造成数控系统无法切削螺纹故障的可能原因及相应解决方法如下。

(1) 未安装主轴编码器或主轴编码器线数错误导致系统无法切削螺纹。

解决方法：加装主轴编码器，同时必须确保编码器线数与系统匹配。

(2) 主轴编码器损坏。

解决方法：维修或更换新的主轴编码器。

(3) 主轴编码器与系统电缆连接错误。

解决方法：测量并检查线路连接是否正确。

(4) 系统内部的电路故障。

解决方法：将故障的电路板返厂维修或更换主板。

(5) 主轴编码器与系统连接线接头松动或接触不良。

解决方法：将两端连接头连接处插紧或将接触不良处重新焊紧。

(6) 切削螺纹螺距不对。

解决方法：程序错误或系统参数错误。

(7) 乱牙故障。

解决方法：

① 检查参数设置是否过大，数值是否合理。

② 系统运行有误差，可以通过打百分表的方式判断机械是否存在间隙；伺服驱动器则可通过驱动器上的脉冲数显示进行判断。若百分表判断无间隙，则检查参数，检查机械。

③ 确保系统参数内编码器线数与编码器相匹配。

(8) 螺纹功能不对。

螺纹功能不对的可能原因：

① 主轴编码器电缆故障。

② 主轴编码器故障。

③ 数控系统主轴编码器接口电路故障。

解决方法：

① 观察主轴速度显示值与主轴的速度是否一致。如果在一致的情况下，螺纹指令仍不能执行，应该再进行主轴编码器电缆的检查。

② 如果主轴没有启动，主轴速度显示就会出现不稳定的数据，这说明主轴编码器电缆断线或主轴编码器故障。这种故障会造成螺纹错乱。要区别电缆故障还是编码器故障，只需对照资料检查电缆就可判断。

③ 选择脉冲锁存，用手双向转动主轴，无论正转或反转，必须使主轴的转动角度超过360°。观察脉冲锁存中的S轴锁存数据，当主轴处于改变转动方向过程中，S轴的锁存脉冲有±(1～4)的变化为正常，没有变化或变化太大，则说明主轴编码器、编码器电缆或主轴编码器接口电路有问题。当双向转动主轴各超过一周，S轴锁存脉冲没有变化，CRT屏幕左上角的主轴速度显示正常，一般说明主轴编码器零脉冲或其相关电缆、电路有问题，此种情况会出现螺纹程序不能执行的现象。S轴锁存脉冲变化太大，会出现螺纹错乱的现象。主轴转动时屏幕左上角的主轴速度显示不稳定，也会造成螺纹加工纹路错乱、螺纹导程不对等加工不正常的问题。

④ 如果怀疑数控系统主轴编码器接口有问题，可参照“失速报警”中提供的方法检查。

数控系统不检测主轴编码器的断线信号。如果主轴速度在屏幕上显示不正常，或螺纹程序不能执行，恒表面速度功能、进给功能不正常，应首先检测主轴编码器及编码器电缆。

2. 加工零件尺寸不准

(1) 加工的零件尺寸时大时小，首先应确定尺寸误差是数控系统的故障还是机械故障造成的。

故障分析：

① 检查加工过程是否造成刀具上有积屑瘤(也可能时有时无)。

② 检测丝杠的窜动量是否超过允许值。

③ 检查刀架的定位精度，同时检查刀架是否有松动。

解决方法：

① 选择“脉冲转存”显示方式。

② 编一段程序，使有问题的伺服轴往复运动，先向一个方向运动，再运动回到出发点，最好一个方向用G00速度，另一个方向用G01速度，而且G01速度最好在F100以下，程序最后一段用M30结束。

③ 将编好的程序运行一次，以确定程序的正确性。

④ 在启动位置打上千分表(或百分表),记下要检测轴的脉冲锁存数和千分表的数值,将程序最后一段的 M30 改为 M02,启动程序。程序运行一段时间后,与刚才记下的数据进行比较,以便发现问题。

⑤ 如果脉冲锁存不对,问题出在从编码器到数控系统的反馈回路这个环节。

⑥ 如果脉冲锁存的数据正确,但是千分表的数据不对,问题应该出在机械环节,应该进一步检查相关的机械部件。

(2) 当尺寸往一个方向偏时,如果加工外圆,尺寸愈来愈大,则首先应该检查刀具与加工标榜和加工工艺的配合是否合适,加工过程是否造成刀具的过快磨损。

故障分析:

① 检查加工过程是否造成刀具上有积屑瘤(也可能时有时无)。

② 检测丝杠的窜动量是否超过允许值。

③ 检查刀架的定位精度,同时检查刀架是否有松动。

解决方法:

① 改进刀具和加工工艺,避免积屑瘤的生成。

② 重新紧固丝杠。

③ 维修刀架。

④ 根据检查结果进行维修。如果是反馈数据不准,应首先考虑编码器反馈电缆的屏蔽层是否接好、插头是否接好、编码器是否正常等问题。如果是机械系统故障,应检修故障部位。

3. M、S、T 功能不能正常执行

原本正常的 M、S、T 功能不能正常执行。

故障分析:

① 检查 I/O 板输出插座的 24 V 电源连接是否正常。

② 在 I/O 显示画面下,输入要执行的 M、S、T 代码,对照显示画面,看输出显示的信息是否正确,如果显示没有相应的输出,则 I/O 输出板故障。

③ 如果上述①②项检查的输出显示正常,则应进一步检查相应的输出点和相关的连线。

④ 检查与之相连的元器件是否正常。

解决方法:

① 连好 24 V 电源线。

② 维修或更换 I/O 板。

③ 连接好相关接线。

④ 更换故障元器件。

4. 恒线速功能不能正常执行

这种故障一般是工件坐标系设定、编程和主轴编码器反馈信息三方面问题造成的。

故障分析：

① 工件坐标系 X 轴坐标零点没有设定在旋转中心。

② 零件程序中出现了 X 轴坐标值小于等于 0 的情况。

③ 主轴编码器、电缆及电路故障。

解决方法：

① 合理设定工件坐标系。

② 检查修改零件加工程序。

③ 观察屏幕上主轴转速显示值是否正常，如果不正常，检修主轴反馈相关部件。

第14章 数控系统电磁干扰及防护

电磁干扰可能影响数控系统的信号，使数控系统加工混乱，也可能使数控系统主机产生误动作甚至死机等，严重影响步进电动机运行的稳定性。

系统产生电磁干扰的干扰源主要来自外部电源、内部电源、印制板自带干扰、周围电磁场干扰、外部干扰等，通常干扰通过I/O口输入引起。干扰信号可以通过公共导线、电容、相邻导线的互感以及空间辐射等途径从干扰源耦合到敏感元件上。

数控系统的稳定性、可靠性是保证其稳定、可靠运行的重要条件。数控系统一般在电磁环境较恶劣的工业现场使用，为了保证系统的正常工作，在设计系统时应有足够的抗干扰要求。

这里只对在驱动系统中影响比较突出的几个方面加以分析。

1. 电磁干扰三要素

电磁兼容的主要内容是围绕造成干扰的三要素进行的，即电磁干扰源、传输途径和敏感设备。

(1) 电磁干扰源。

针对数控系统来说，电磁干扰源主要是指周围环境造成的干扰和人为造成的干扰两种。来自周围环境的电磁干扰源主要是指风雨雷电产生的湿度、噪声和辐射等。人为造成的电磁干扰源又分为有意的和无意的两种。所谓有意的，是指那些必须发射电磁波的电子设备等。所谓无意的，是指计算机设备、电气传动设备、电力电子器件组成的变流装置等。

(2) 传输途径。

电磁干扰可能以电流的形式沿电源线和电缆传播，或是以辐射、传导、感应的形式通过空间传播。比如计算机设备、电机等。

(3) 敏感设备。

电磁干扰可以通过传导、辐射、感应等各种途径传输到设备，但能否对设备产生干扰，影响设备的正常工作，取决于电磁干扰的强度和设备的抗干扰能力，以及设备的电磁敏感性。而设备的抗干扰能力通常跟设备内部所含的敏感电路或元器件的抗干扰能力有关。各类设备结构不同、电路不同、元器件不同，抗干扰能力也不同。通常容易受电磁干扰影响的敏感设备有液晶、主机等设备。

2.电磁干扰途径

电磁干扰源影响数控系统的主要途径如下。

1）电磁波干扰

大功率装置、电力电子装置等许多电气设备，都会产生强烈的高频电磁波，以辐射形式干扰数控装置。

2）静电干扰

静电放电可对数控设备产生一定的影响，严重时可使系统电路损坏。一般在控制设备金属外壳上放电是较常见的静电放电现象。放电电流通过金属外壳产生电场或磁场，再通过分布阻抗耦合到外壳内的电源线或其他信号线，形成对数控系统的干扰。

3）瞬间干扰

在数控装置中，电容或电感电路进行切换，高频电压或电流有较大的变化时，瞬间都会产生对数控系统的干扰。

4）长线干扰

控制信号引线过长又没有采取必要的屏蔽隔离措施，都易使数控系统产生错误信号；对高频脉冲信号处理不当，也会使数控系统的相关波形发生改变。

5）串扰

当信号平行且距离很近时，由于线间互感和电容的存在，会在数控系统的相邻信号线间产生干扰。

6）电源与地线形成的干扰

电源与地线的线径太小或布局不合理，信号也会发生改变或交叉干扰，影响数控系统的可靠性。

3.抗干扰技术措施

上述干扰源的存在，都影响着数控系统的安全、稳定运行，要想避免干扰，在数控设备设计时就应当采取硬件及软件等多方面的抗干扰措施。例如，硬件方面注意材料的选择、设计滤波环节、增加隔离变压器等；软件方面则采用软件滤波、软件故障检测及信号保护和参数恢复等措施。此外，在制造中注意挑选品质优良的元器件。大部分的数控装置和工控机故障是由电源干扰和电源本身故障引起的，强电设备会使供电系统产生强脉冲干扰，通过传输线路影响数控设备。所以不仅要对数控装置采取抗干扰措施，而且要对电源系统采取抗干扰措施。

常用的抗干扰技术措施有以下几种。

1）物理隔离

加大电路与干扰源间的距离。因为干扰强度与距离的平方成反比，尽可能增大干扰源与受扰电路间的距离，将大大降低干扰的传播，减少系统故障率，尤其在电源环境恶劣的情况下，采用稳压设备对电源波动和瞬间断电是有效的。为了抑制电源噪声及电源、大地电缆之间的干扰，可以在电源与数控装置之间接一个隔离变压器，如图 14-1 所示。

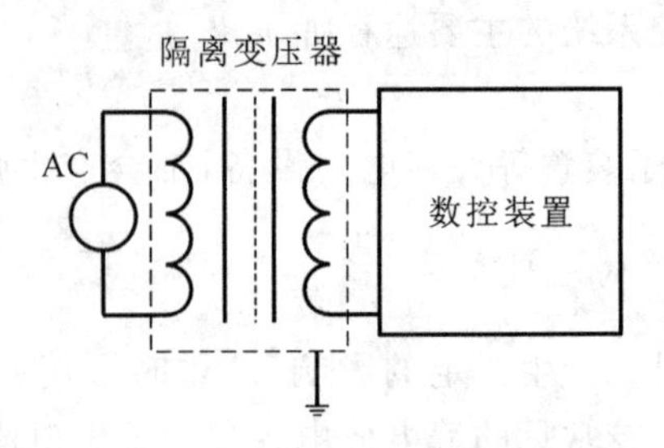

图 14-1　物理隔离抗干扰示意图

2）滤波

滤波器可以抑制电源线上输入的干扰和信号传输线路上的各种干扰。常用的有低通滤波器、交流滤波器和直流滤波器，一般将其安装在电源与数控装置之间，如图 14-2 所示。

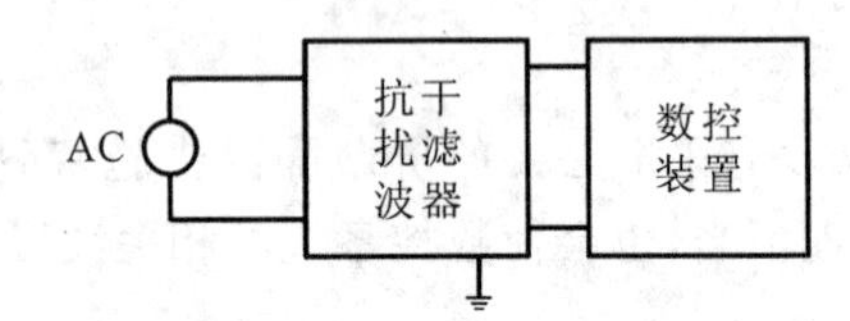

图 14-2　滤波抗干扰示意图

3）屏蔽

为使设备和元器件不受外部电磁场影响，通常采用隔离屏蔽措施。

(1) 静电屏蔽。主要是为了消除两个或几个电路之间由于分电容耦合而产生的干扰，如变压器初次级之间接地的屏蔽层即属此类。

(2) 低频磁场屏蔽。对于恒定磁场和低频磁场，利用高磁导的铁磁材料可实现屏蔽。它将磁力线限制在磁阻很小的屏蔽导体内。此外，利用双绞线也可以消除这类干扰。

(3) 电磁屏蔽。对于高频电磁干扰，是通过反射或吸收的方法来承受或排除电磁能量。在几千赫以下，钢是电磁干扰的良好吸收材料；在几兆赫以上，任何结构适当的金属都是良好的电磁干扰吸收材料。增加屏蔽层厚度，可以增加电磁干扰的吸收量。

4）接地

接地是由埋在地下一定深度的多个金属接地极和由导体将这些接地极相互连接组成的一网状结构的接地体的总称。

(1) 保护接地。电子电气设备的金属外壳、底盘、机座用良好的导体与大地连接成等电位，称为保护接地。它对电子电气设备的安全运行和维护人员的生命安全起到十分重要的作用。

(2) 系统接地。若系统地线与大地连接，称为系统接地。这种接地方式的优缺点正好与浮空地相反，当电子电气设备的对地分布电容较大时，宜采用直接接大地的方式，但要注意选择接地点的位置和接地点的多少。只要合理选择，便能把干扰降低到最低程度。

(3) 遮罩接地。为了抑制变化的电磁场的干扰而采用的多种遮罩层、遮罩体，都必须良好地接地，才能起到良好的遮罩作用。

数控系统的安装要求有良好的接地系统，接地质量的好坏将直接影响系统工作的稳定性。不能用电源进线的中线代替地线。

以 2000 系统为例，地线接地要求如下：

① 接地电阻不大于 0.1 Ω；

② 机柜内要有接地汇流排，所有地线都应接至接地汇流排后再统一接入地线系统，这样可保证系统有统一且唯一的地线；

③ 建议接地汇流排与地线系统的连线截面面积不小于 10 mm^2，并且要求线缆长度尽量短；

④ 电缆进机柜后要先紧固接地后再与系统相连，以保证接地效果和电缆的稳固。

主要参考文献

[1] 李福生.实用数控机床技术手册[M].北京:北京出版社,1993.
[2] 陈长雄,李佳特.数控设备故障分析[M].北京:电子工业出版社,2004.
[3] 李诚人.机床计算机数控[M].西安:西北工业大学出版社,1996.